生命是什么

U0192871

〔奥〕 埃尔温·薛定谔◎著

麦穗◎译

What is Life

中国商业出版社

图书在版编目（CIP）数据

生命是什么 /（奥）埃尔温·薛定谔著；麦穗译.
—北京：中国商业出版社，2020.10
ISBN 978-7-5208-1236-8

Ⅰ.①生… Ⅱ.①埃… ②麦… Ⅲ.①生命科学—研
究 Ⅳ.① Q1-0

中国版本图书馆 CIP 数据核字 (2020) 第 160055 号

责任编辑：刘加莹　武维胜

中国商业出版社出版发行
010-63180647　www.c-cbook.com
（100053　北京广安门内报国寺 1 号）
新华书店经销
三河市华润印刷有限公司印刷
*
880 毫米 ×1230 毫米　32 开　6 印张　100 千字
2020 年 10 月第 1 版　2020 年 10 月第 1 次印刷
定价：35.00 元
* * * *

（如有印装质量问题可更换）

生命是什么
——细胞的物理特性

根据 1943 年 2 月都柏林圣三一学院都柏林高级研究所主持的讲座内容编写

纪念我的父母

译者序

　　《生命是什么》原作者埃尔温·薛定谔，因其发展了原子理论，1933 年获诺贝尔物理学奖。该作品是 20 世纪伟大科学经典之一。作者通过生动的文笔和有趣的生物学故事，追溯了生命的起源和进化，讲述了物理学家和数学家在揭示生命奥秘过程中的重要发现。通过本书，有助于带领读者了解生命的过去、现在和未来，揭开生命科学的神秘面纱。

　　这本书的内容是 1943 年薛定谔在都柏林圣三一学院做的一系列演讲，其主题就是探讨生命的物质基础。随后这些演讲内容被整理成册，引发了人们对生命科学以及分

子生物学中许多问题的探讨，到现在仍具有启发意义。

生命是什么？薛定谔认为生命就是一种秩序。这种秩序是在生命多样性与复杂性背后的规律性。"发生在生命世界中的事件，如何用物理学和化学的原理解释？这种事件的发生与时间、空间又有怎样的关系呢？"本书对其进行了详细的解释。并通过物理学定律阐释了生命物质中的变化规律，即"在生物体的生命过程中，发挥重要作用的物理和化学定律均包含统计学规律"。

在这部伟大的作品中，薛定谔试图从经典物理学、量子力学、热力学等理论中寻求对生命本源问题的最新解释。因此，本书作为探索生命问题的媒介，适合所有需要扩展视野、重新认识生命的读者。

前言

　　科学家应该对某些学科有完整的、全面的、第一手的知识，因此，他们通常不去研究自己不擅长的学科主题。这被视为一种高尚的行为。为了写好本书，我恳请放弃它，如果可以的话，也请免除与之伴随的责任。理由如下：

　　我们从祖先那里继承了对知识的强烈渴望，而这些知识是统一且包罗万象的。大学的命名本身就提醒我们，从古至今数千年来，普遍性是唯一一直得到充分肯定的方面。但是，在过去的一百多年里，知识的各个分支在宽度和深度上的扩展，使我们陷入了奇怪的境地。我们清楚地感觉到，我们现在才开始获得可靠的材料，并将所有已知知识

融合为一个整体；但除了一小部分的专业领域之外，单凭一己之力是不可能完全掌握其他更多的专业领域知识。

我们中的一些人应该大胆对事实和理论进行综合分析，尽管可能用到不完整的二手知识，甚至可能会使我们自己出丑，但是我认为除此之外没有其他办法可以摆脱这种困境了（以免永远失去我们真正的目标）。

以上就是我的辩解。

语言的障碍不容忽视。母语就像一件合身的衣服，当一个人不能立刻使用母语而不得不用另一种语言代替时，他一直都会感到不自在。我要感谢 Inkster 博士（都柏林圣三一学院）、感谢 Padraig Browne 博士（圣帕特里克学院，梅努斯），最后感谢 S.C.Roberts 先生。他们为了使新衣服适合我费了好大力气，另外由于我有时不愿放弃自己的一些"原创"风格，给他们带来了更多的麻烦。如果我的这些原创风格不受欢迎的话，那么责任在我而不在他们。

许多章节的标题原本是页边摘要，每章的正文都应作为整体连续阅读。

薛定谔

都柏林

1944 年 9 月

一个自由人最不需要思考的就是死亡；他的智慧并非思考死亡，而是沉思生命。

——斯宾诺莎：《伦理学》，第四卷，第 67 号提案

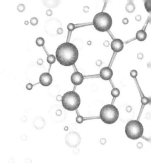

目录

第一章

经典物理学家的研究方法

第二章

遗传学机制

目 录

第三章

突变

第四章

量子力学证据

目 录

第五章

对 DELBRUCK 模型的讨论和检验

第六章

有序、无序和熵

目 录

第一章

经典物理学家的研究方法

我思故我在

——笛卡儿

1.

调查的基本特征和目的

这本书源自一位理论物理学家的一次公开演讲，听众有四百多人。尽管一开始就提醒说，演讲主题非常难，内容不会太通俗易懂，但听众基本没有减少，此外，并未使用物理学家认为最恐惧的武器——数学演绎法。不是因为这个课程太简单，不需要数学就能解释，而是因为它太复杂，用数学也无法完全理解。至少演讲表面上是比较通俗的，因为演讲者试图向物理学家和生物学家阐明介于物理学和生物学之间的基本思想。

实际上，尽管涉及的主题五花八门，但本书仅仅传达一个观点：对重大问题发表一点看法。为了不迷失方向，我们不妨先简要概述一下计划。

这个讨论过多次的重大问题就是：

如何用物理和化学来解释，在一个生物体的空间界限内发生的时空中的事件？

本书竭力阐述和确立的初步答案可以概括如下：

当今的物理学和化学显然无法解释此类事件，但我们并不能因此而质疑可以用物理学和化学来解释这些事件。

2.

统计物理学，结构上的根本差异

如果它仅仅是为了激起未来成功实现的希望，那么上

述说法就太微不足道了。它的含义更为积极，即到目前为止，物理学和化学仍然无法对此类事件给予充分的解释。

今天，由于生物学家（主要是遗传学家）在过去三四十年里创造性的工作，人们对生物体的实际物质结构和功能有了足够的了解，可以准确地说明为什么当前的物理学和化学还无法解释生物体内部在时空中发生的事件。

生物体最重要部分，即原子排列，以及这些排列之间的相互作用，与迄今为止物理学家和化学家作为实验和理论研究对象的所有原子排列有根本的差异。然而，我刚才称之为"根本"的差异，对于其他人来说貌似微不足道，但是对一个物理学家来说并不是这样，他对物理和化学定律是基于统计学的这一点深信不疑[1]。从统计学的角度来看，生物体内重要部分的结构与物理学家和化学家实际处

---

[1] 这一论点似乎有些过于笼统。对它的讨论要到本书的末尾，第 67 节和第 68 节。

理过的任何物质的结构完全不同，他们是在实验室里用体力做实验或在办公桌前用脑力思考。[1]几乎无法想象，由此发现的定律和规律，会恰好直接适用于那些没有表现出基于此定律和规律结构的系统行为中。

甚至不能指望非物理学家能够理解我方才用抽象术语所阐述的"统计结构"上的差异，更不要说理解这种差别的重大意义了。为了使陈述更加生动有趣，我先透露一下后面会更详细讲到的内容，即活细胞最重要的部分——染色体丝——可以适当地称其为非周期晶体。迄今为止，物理学中只研究过周期晶体。对于普通的物理学家来说，周期晶体都非常有趣、复杂，并且构成了无生命的自然界中最迷人和最复杂的物质结构之一。但是，与非周期晶体相比，它们就显得相当单调乏味了。它们在结构上的差异，

[1]　F.G.Donnan 1918 年《科学》二十四章，78 部分和 1929 年《史密森尼报告》第 309 页（生命之谜）两篇最具启发性的论文都强调了这种观点。

就如同普通墙纸和刺绣杰作之间的差异，普通墙纸是用相同的图案以规律的周期性重复出现，而拉斐尔的刺绣杰作（如拉斐尔挂毯），并不是枯燥的重复图案，而是拉斐尔大师精心、连贯、有意义的设计作品。

对物理学家而言，周期晶体是他研究的最复杂的对象之一。事实上，有机化学在研究越来越复杂的分子时，已经非常接近"非周期晶体"了，我认为，非周期晶体才是生命的物质载体。因此，难怪有机化学家已经在解释生命问题上做出了重大贡献，而物理学家却一无所获。

3.

朴素物理学家的研究方法

简要说明我们调查的大致想法或确切地说是最终范围

后，让我来谈谈研究思路。

我认为首先要建立"朴素物理学家对生物体看法"的思想，即物理学家在学习了物理学，特别是统计物理学基础之后，开始思考生物体及其行为和功能方式，并开始思考是否可以运用所学知识，用相对简单、清楚和朴素的科学知识，对解决这个问题做出应有的贡献。

事实证明，朴素物理学家可以解决这个问题。紧接着就是将他们的理论预期与生物学事实进行比较。事实表明，他们的想法整体上很有道理，但仍需做出适当的修改。通过这种方式，我们将会逐步接近正确的观点，或者更谨慎地说，逐步接近我认为的正确观点。

即使我这样做是对的，我也无法知晓这个是否是最佳、最简单的方法。但是，简而言之，这是我的方法。我就是"朴素物理学家"。除了这个曲折的方法外，我实在没有找到更好或更清晰的方法来实现目标。

4.

原子为什么如此之小

　　建立"朴素物理学家的想法"的思想要着眼于从一个奇怪的、近乎荒唐的问题：为什么原子这么小？首先，它们确实很小。日常生活中遇到的每一小块物质都包含大量原子。已经有很多例子向大众证明了这一事实，但都没有开尔文勋爵所举的例子令人印象深刻：假设您将一杯水中的所有分子做上标记，然后把杯子里的水倒入大海并充分搅拌，使标记的分子均匀分布在七大洋里；随后，您从海洋的任何地方取一杯水，您将发现其中约有 100 个已经标

记的分子[1]。

原子的实际大小[2]介于黄光波长的 1/5000 到 1/2000 之间。这一比较意义重大，因为波长可以大致显示出显微镜中可识别的最小颗粒的尺寸。然而，通过这种方式发现，即使这样小的颗粒仍然包含有数十亿个原子。

那么，为什么原子会如此之小呢？

显然，这并不是一个直接的问题。因为它真正想要知

------

[1]　当然，您不会刚好找到 100 个分子（即便那是经过计算的精确结果）。您可能会找到 88 个、95 个、107 个或者 112 个分子，但是不太可能刚好只有 50 个或 150 个分子。一定的"偏差"或"波动"是可以预料到的，这个"偏差"或"波动"是 100 的平方根的数量级，即 10。统计学家会告诉您：您会找到 100 ± 10 个。这句话暂时可以忽略，但后面会提到，并给出一个统计学中关于 $\sqrt{n}$ 律的例子。

[2]　现在的观点，原子没有清晰的边界，因此原子的"大小"并不是一个非常明确的概念。但我们可以通过测量它们在固态或液态中心之间的距离来确定（或者，如果需要的话，来代替它），当然，不会在气态下测量，因为在常压和常温下，气态的距离大约是固态或者液态的 10 倍。

道的并不是原子的大小，而是生物体的大小，尤其是我们身体的大小。的确，当我们用长度单位 1 码或 1 米来衡量时，原子很小。在原子物理学中，人们习惯用"埃"（缩写 Å）来衡量大小，1"埃"是 1 米的 1010 分之一，或者十进制记数法表示为 0.0000000001 米。原子直径介于 1 埃到 2 埃之间。现在，那些常用的计量单位（关于原子如此之小）与我们身体的大小密切相关。"码"这个单位的起源可以追溯到一个英国国王的幽默，他的议员问他如何衡量 1 码，他侧身伸出手臂说："从我的胸部中央到指尖，就是 1 码。"这个故事无论真实与否，对于我们而言都很有意义。国王很自然地指出与自己身体相对应的长度，因为他知道其他任何东西都没有用身体衡量方便。尽管物理学家习惯用"埃"这个单位，但他们在做新衣服的时候更愿意被告知，他的新套装需要 6.5 码的粗布，而不是 650 亿埃的粗布。

因此，我们的目标就非常明确下来，问题实际上针对的是两个长度（即我们身体的长度和原子的长度）之比，由于原子是独立存在的，那么问题实际上是这样的：为什么我们的身体比原子大呢？

我能想象，许多热衷于物理或化学的学生可能会对这样的事实感到遗憾，即我们的每个感觉器官构成了我们身体的实质部分，然而（根据所述比例的大小）感觉器官本身又由无数个原子组成的，因此对于单个原子的影响并不明显。我们无法看见、感知或听到单个原子。有关原子的猜测与我们肉眼感官的直接发现有很大差异，因此无法通过直接观察来进行检验。

真的是这样吗？是否有什么内在的原因呢？我们是否可以追溯到关于器官的某种首要原则，以便查清和了解为什么它们与自然法则不一致呢？

现在，这个问题物理学家已经完全能够弄清楚，所有

问题的答案都是肯定的。

5.

生物体活动需要严格的物理法则

如果不像刚才说的那样，如果我们作为生物体特别敏感，一个原子，甚至几个原子就可以给我们的感官留下可感知的印象——生命会是什么样子！需要强调一点：这种敏感的生物体肯定不会形成有序的思维，这种有序思维是在经历了一系列早期阶段后，最终形成原子的思想以及其他许多思想。

尽管我们选择了感觉器官，但以下的考虑因素基本上也适用于大脑和感官系统以外的器官的运转。然而，对我们来说，最让我们感兴趣的是我们的感觉、思维和感知。

如果不是从纯粹的客观生物学的角度，而是从人类的角度来看，与负责思考和感觉的器官相比，所有其他器官都起着辅助作用。此外，即使我们并不知晓这种紧密并行的本质，这将极大地方便我们选择与主观事件密切相伴的过程进行调查。事实上，在我看来，它已超出自然科学的范畴，很可能完全不在人类的理解范围内。

因此，我们面临以下问题：像我们大脑这样有感觉系统的器官，为什么必须由大量的原子组成，是为了让身体的物理状态与高度发达的思想紧密地对应吗？上述感官（无论是作为一个整体，还是某些直接与环境相互作用的外围部分）的运转，与一个足够精细敏感对外界单个原子的撞击做出反应并记录的机制有什么不一样？

这是因为，我们所说的思想（1）其本身是有序的事物，（2）只能适用于物质，即具有一定秩序性的感知或经验。这有两种情况。第一种情况，物理组织需与思想（如

同大脑和思想）紧密一致，必须是一个非常有序的组织，这意味着在生物体内部发生的事件必须严格遵守物理定律，至少要达到非常高的精确度。第二种情况，外部其他物体对身体组织良好的系统所造成的物理印象，要与相应思想的感知和经验明显对应，即形成了所谓的物质。因此，通常来说，我们的身体系统与其他系统之间的物理相互作用，本身必须具有一定的物理有序性，也就是说，它们也必须严格遵守物理规律，才能达到一定的精确度。

6.
物理学定律依赖原子统计学，
因而仅是相似的

对于仅由适量原子组成并且仅对一个或几个原子的影

响敏感的生物体，为什么不能实现这一切呢？

因为我们知道，所有原子一直都在做完全无序的热运动，可以说，这与它们的有序行为背道而驰，而且由于无序的运动掩盖了有序的运动，使得发生在少量原子间的运动无法按照可识别的规律显示出来。只有在大量原子的积极配合下，统计定律才开始起作用并控制这些原子的行为，其精确度随着所涉及原子数量的增加而增加。只有这样，该运动才能获得真正有序的特征。众所周知，所有物理和化学定律在生物体生活中都起到了重要作用，它们都具有这种统计规律；人们可能想到的其他任何一种合规性和有序性，常常会因为原子不间断的热运动而被不断地干扰和使之失效。

7.

它们的精确度基于大量原子的介入
第一个例子（顺磁性）

我试着举几个例子来说明这一点，这些例子是从数千个例子中随机挑选的，对那些第一次学习统计物理学的读者来说可能不一定是最好的例子——而这些在现代物理和现代化学中是基础性的内容，正如生物学中生物体是由细胞组成的事实，或者天文学中的牛顿定律、数学中的整数系列1，2，3，4，5……都是基础的内容。不能奢望一个初学者仅从以下几页内容就可以获得对这门学科的全面理解和领悟，这门学科与杰出的路德维希·玻尔兹曼和威拉德·吉布斯相关联，并且在教科书中称为"统计热力学"。

如果在长方形的石英管里装满氧气，并将它放入磁场中，你会发现氧气被磁化了[1]，磁化是由于氧分子是一些小磁铁，这些小磁铁像指南针一样与磁场方向平行。但实际上，它们是不平行的。因为如果将场强增加一倍，氧气的磁化率就会增加一倍，在极高的场强里这个比例同样适用，磁化率随着施加的场强增加而增加。

磁场方向

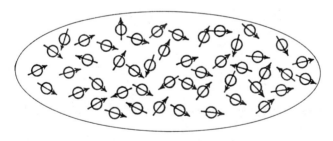

图1　顺磁性

[1]　选择气体是因为它比固体或液体简单；在这种情况下，磁化率极弱，不会影响理论上的考虑。

这是一个特别清晰的纯统计规律的例子。磁场产生的方向不断地受到热运动随机取向的干扰。于是，这两种方向相互作用的结果是，使偶极子轴和磁场南北极轴之间的夹角，更倾向于成锐角而不是钝角。虽然单个原子不断地在改变它们的方向，但是由于它们数量巨大，所以通常说来，趋向于磁场的方向并与场强成比例的趋向是比较明显的。这个巧妙的解释是法国物理学家朗之万提出的。这个解释可以通过以下方式进行验证。如果观测到的弱磁化真的是两种方向抵消的结果，即磁场使得所有的分子平行存在，热运动则导致随机定向，那么说明通过削弱热运动可以增加磁化强度，即可以通过降低温度而不是增强磁场来达到这一目的。实验证实了这一点，磁化强度与绝对温度成反比，这与居里定律的定量理论一致。现代的实验设备可以通过降低温度，将热运动降低到难以想象的程度，即使不能使磁场的定向趋势达到百分之百，至少也足以产生

相当大一部分的"完全磁化"。在这种情况下，我们不能再期望通过磁场强度加倍使得磁化强度翻倍，因为随着磁场的增加，磁化强度将越来越弱，接近所谓的"饱和"。定量实验也证实了这一点。

请注意，这种行为完全依赖于大量的分子，这些分子合作产生可察觉的磁化。然而，磁化不是恒定不变的，而是一直在无规律地变化，这是热运动与磁场之间相互较量的有力证据。

8.

第二个例子（布朗运动，扩散）

如果在密闭玻璃容器的下部装满由微小的液滴组成的雾气，将会发现雾气的上边界以恒定速度逐渐下沉，这个

速度由空气的黏度、液滴的大小和比重决定。然而，如果在显微镜下观察其中的一个液滴，就会发现它并不是以恒定的速度永久下沉，而是进行着非常不规则的运动，即布朗运动，通常来说，这种运动都是有规律地下沉。

这些液滴不是原子，但它们足够小、足够轻，当分子不断地撞击它们的表面时，容易受到单个分子的影响。因此，它们受到撞击后，其下沉通常只受重力的影响。

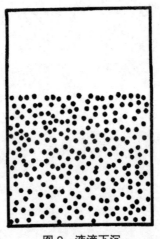

图 2 液滴下沉

这个例子表明，如果可以通过感官感受到分子撞击的影响，该是多么有趣的体验。有些细菌和其他生物体非常小，所以它们受到这种撞击的影响更为强烈。它们的运动是由周围介质的热运动来决定的，而不是它们自己。如果它们自己可以运动，可能会成功地从一个地方到达另一个地方，但会有一些困难，因为热运动会使得它们像小船一样在波涛汹涌的大海中翻腾。

　　扩散与布朗运动非常相似。想象一下，容器中装满了水，

图 3　液滴下沉的布朗运动

水中溶解了少量高锰酸钾之类的有色物质，如图 4 所示，浓度不均，其中的圆点表示溶解的物质分子（高锰酸钾），浓度从左到右递减。如果不去干预它，会出现一个非常缓慢的"扩散"过程，高锰酸钾会从左向右扩散，即从浓度较高的地方向浓度较低的地方扩散，直到均匀地分布在水中。

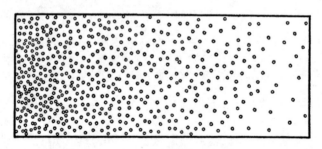

图 4 在不同浓度的溶液中从左向右扩散

这个过程相当简单但显然并不是特别有趣，其不寻常处在于，它可能不像人们认为的那样，高锰酸钾分子从高浓度转移到低浓度，就像国家将人口向稀疏的地区迁移那样是由于某种驱动力或力量。高锰酸钾分子不是这样的。每一个

高锰酸钾分子都独立于其他任何分子，这些分子几乎不会发生碰撞。但是，无论是在拥挤还是空旷的区域，高锰酸钾分子都会受到水分子不断撞击的影响，从而逐渐朝着不可预测的方向前进，有时朝着浓度较高的方向，有时向着浓度较低的方向，有时则斜向移动。人们常常把这种运动方式比喻为一个蒙着眼睛的人在一大块地面上行走，带着某种"行走"的欲望，但没有方向感，因此会不断地改变路线。

所有高锰酸钾分子的这种随机运动，都会有规律地朝低浓度移动，并最终形成分布均匀的浓度，乍看之下很令人费解，但实际很容易理解。如果你将图4想象为浓度近似恒定的薄片，那么在特定时间特定薄片中的高锰酸钾分子将随机运动，以相等的概率向右或向左移动。正因如此，将平面分离成两个相邻切片的分子会交叉移动，来自左边的分子比来自右边的分子多，原因很简单，即左边随机移动的分子比右边的分子多。因此，平衡就表现为从左到右

的规律性流动，直到达到分布均匀。

如果将这些规律转化成数学语言，可以用偏微分方程的形式来表达：

$$\frac{\partial \rho}{\partial t} = D \nabla^2 \rho$$

扩散定律。我不想用专业术语向读者解释，虽然它的含义用普通语言来描述也很简单[1]。在这里提到严格的"数学上精确的"定律，是为了强调在某种特定的应用时，物理精确度并不十分准确。基于纯概率论，其有效性只是近似的。如果说这是一个非常接近的近似值，也是因为在这一现象中参与的分子数量很多。如果它们的数量越少，我们所期望的偶然性偏差就越大，并且在适当的情况下可以观察到这种偏差。

---

[1] 比如，在任意给定的点上，浓度以一定的时间速率增加（或减少），与无穷小的环境中浓度的相对剩余（或不足）成正比。另外，热传导规律的形式完全相同，必须用"温度"代替"浓度"。

第一章 经典物理学家的研究方法

9.
第三个例子（测量精度的极限）

我们要列举的最后一个例子与第二个例子非常相似，但具有特殊的意义。物理学家通常使用轻质物体来测量使它偏离平衡位置的弱力，该轻质物体由一根细长的长纤维悬垂在平衡方向上，施加的电力、磁力或引力会使其绕垂直轴旋转（当然，为了特定的目的须选择适当的轻质物体）。在不断努力提高这种常用的"扭力平衡"装置准确度的过程中，我们遇到了一个奇特的极限，它本身就非常有趣。当选择越来越轻的物体以及更细长的纤维时（使平衡容易受到越来越弱的力的影响），悬浮体变得明显易受周围分子热运动的影响，并开始围绕平衡位置进行不间断且无规律

025

的"舞蹈",很像第二个例子中液滴的扩散一样,这时测量精度就到了极限。尽管此行为并未对平衡的测量精度设置绝对的限制,但它设置了实用的限制。热运动的不可控效应与待测力的效应相互制约,使得每个观察到的单个偏离没有意义。为了消除容器中布朗运动的影响,必须多做几次实验。我认为这个例子在我们目前的调查中特别有启发性。毕竟,我们的感官可以认为是一种工具。如果变得过于敏感,那么它将毫无用处。

10.

$\sqrt{n}$ 法则

目前先列举以上例子。我只想补充一点,在生物体内部或生物体与环境相互作用的任何一条物理或化学定律,

它们都将有可能是我要选择的例子。详细的解释可能会更为复杂，但核心都是一样的，因此过多解释将会变得单调乏味。

但是，在任何物理定律中可能会出现的不准确或误差，我想补充一个非常重要的定量定律，即所谓的 $\sqrt{n}$ 定律。我将首先通过一个简单的例子来说明，然后对其进行概括。

如果我告诉你，在一定的压力和温度条件下，某气体具有一定的密度，或者说在此条件下，一定的体积（体积大小符合某些实验需要）内仅有 n 个气体分子，如果你可以在特定的时间内验证我的说法，你会发现它不够准确且存在偏差，偏差约为 $\sqrt{n}$。因此，如果数字 $n=100$ 时，你会发现偏差约为 10，相对误差为 10%。但如果 $n=100000$，偏差约为 1000，相对误差为 0.1%。现在，大体上来说，这个统计规律是普遍存在的。物理定律和物理化学定律并不

十分准确，存在一定的相对误差，且这个误差的范围在 $1/\sqrt{n}$ 内，其中 n 是共同实现该定律的分子数量，在一定的空间或时间（或两者的）区域内，出于某种考虑或某些特定的实验，使该定律产生有效性的分子数。

　　你可以再次看到，生物体必须有相对的宏观结构，才能在其内部以及生物体与外部世界的相互作用中遵守相当准确的法则。否则参与粒子的数量太少，"定律"也就不太准确了。特别需要注意的是，这个定律出现了平方根。所以即使 100 万这样相当大的数字，其精确度也只有千分之一，这作为"自然定律"的精确度是远远不够的。

第二章

遗传学机制

存在即永恒，

法则保护了生命的宝藏，

进而通过它们装饰了整个宇宙。

——歌德

生命是什么——细胞的物理特性

11.
古典物理学家绝非微不足道的
预期是错误的

　　因此，可以得出结论，生物体及其经历的所有生物学过程，必须具有极其"多原子的"结构，并且防止偶然性的"单原子"事件变得过于重要。"朴素物理学家"告诉我们，生物体利用足够精确的物理定律来建立惊人的规则和管理有序的工作，这一点至关重要。从生物学角度讲，这些先验得出的结论（也就是从纯粹的物理角度来看）如何与实际的生物学事实相吻合呢？

起初，人们固执地认为这些先验的结论微不足道，这与 30 年前生物学家的看法一致。尽管对一位受欢迎的演讲者来说，统计物理学对生物体和其他方面都至关重要，但事实上，这一点无疑像是老生常谈。所有高等生物成年个体及其身体的每一个单细胞都包含无数的单原子。现在和 30 年前一样，无论是在细胞内还是在细胞与环境的相互作用中，我们观察到的任一特定的生理过程，都涉及大量的单原子和单原子过程，即使统计物理学关于"大量原子"的要求非常严格，这些单原子和单原子过程依然遵循着所有相关的物理和物理化学定律，关于这点我已经使用 $\sqrt{n}$ 律举例说明了。

现在，我们知道，这种观点可能是错的。正如我们看到的那样，令人难以置信的小原子团，小到已无法体现出确切的统计规律，但它们在生物体内非常有序和合规的事件中确实起着主导作用。原子控制着生物体成长过程中所

获得的可观察到的大规模特征，它们决定生物体发挥机体功能的重要特征；而在所有这一切中，都表现出了非常清晰和严格的生物学定律。

首先，我必须简要总结一下关于生物学，尤其是遗传学方面的情况，换言之，我必须总结一门我并不熟知的学科现状。在我的总结中难免有不完善之处，在此，我谨向所有人特别是向每一位生物学家致歉。此外，我或多或少地把主流观点教条式地传递给大家，对于这一点我表示歉意。不能指望一个纯理论物理学家对大量长长的、精美交织的育种实验做出出色的调查，因为它不仅仅是前所未有的独创性的育种实验，还是用现代显微镜的精细技术对活细胞进行的直接观察。

12.

遗传密码本（染色体）

生物体中的"模式"，生物学家称之为"四维模式"，该模式不仅仅指的是生物体在成年或任何其他特定阶段的结构和功能，而且包含从受精卵细胞到成熟个体的整个发育过程，此时生物体开始自我繁殖。现在，我们知道整个四维模式由受精卵细胞的结构决定。更确切地说，它只是由受精卵细胞的一小部分（即细胞核）结构决定。细胞在正常"静息状态"下，细胞核看起来像分布在细胞上的染色质网络[1]。但在极其重要的细胞分裂过程中（有丝分裂和

---

[1] 这个词的意思是"有颜色的物质"，即在某一显微技术中使用染色工艺。

减数分裂，见下文），通常可以看见细胞核中纤维状或棒状的粒子，即染色体。染色体的数量是 8 条或 12 条，人类的染色体数量是 46 条。或许我应该将这些说明性的数字分解成 2×4，2×6，……2×24，……又或者使用生物学家惯用的表达：两组染色体。因为单个染色体虽然有时会在形状和大小上有明显的区别和个体化，但这两组染色体几乎完全相同。稍后我们将看到这两组染色体，一组来自母体（卵细胞），一组来自父体（受精精子）。正是这些染色体（或者说我们在显微镜下实际看到的轴向骨架纤维）包含某种密码本，该密码决定个体未来发展和成熟期功能的所有模式。每一组完整的染色体都包含全部的密码；因此，通常在受精卵细胞内有两组染色体，构成了未来个体的最早阶段。

我们称染色体纤维结构为密码本，意思就是说，拉普拉斯曾经设想，可以直接判断每个因果关系、洞悉一切的

心智就是染色体的结构，从它们的染色体结构可以判断出在一定的条件下，鸡蛋是会发育成一只黑色公鸡还是一只花斑母鸡，是一只苍蝇还是一棵玉米、一株杜鹃花、一只甲虫、一只老鼠或是一个女人。对此，我补充一点，卵细胞的外观往往非常相似；即使外观上不相似，如鸟类和爬行动物的卵细胞相对巨大一些，相关结构的差异不是很大，不像其中的营养物质那么显而易见。

但是，"密码本"这一词语太狭隘了。染色体结构对所预示的生物体成长起着重要作用。它们集法则和执行于一体，或者可以比喻为：它们将建筑师的设计和建造者的手艺合二为一。

13.

细胞分裂（有丝分裂）

染色体在个体发育中如何发挥作用？[1]

生物体生长发育是借助连续的细胞分裂完成的。这种细胞分裂称为有丝分裂。我们身体由大量细胞构成，在细胞的生命周期中，有丝分裂并不像人们想象的那样频繁。有丝分裂初期的细胞增长速度很快。一个卵细胞分裂成两个"子细胞"，随后，两个子细胞分裂为四个子细胞，然后是 8 个，16 个，32 个，64 个，等等。然而，个体发育过程中不同部位的细胞分裂频率不同，这将打破这些数字的规律性。尽管如此，从它们迅速增长的过程中，我们仍

[1]　个体发育与地质时期内物种的发育不同，是终其一生的发育。

可以通过一个简单的计算推断出，平均只需 50 次到 60 次连续的细胞分裂就足以产生一个成年人的细胞数量[1]，或者说，考虑到细胞的生命周期中细胞的代谢情况，至少也可以产生 10 倍的细胞数量。因此，一般来讲，我的一个体细胞仅仅是造就我的卵细胞的第 50 代或第 60 代"后代"。

14.

有丝分裂中染色体复制

染色体在有丝分裂中如何发挥作用？染色体复制产生两套密码本。通过显微镜观察已经对染色体复制过程进行了深入的研究，这一过程非常有意义，但它太过复杂，无法在这里详细阐述。最重要的一点是，两个"子细胞"中

---

[1] 非常粗略的估计，有 100 亿或 1000 亿细胞。

都可以得到两组与亲代细胞完全相似的完整染色体。因此，所有的体细胞都有完全一样的染色体 [1]。

无论我们对这种机制了解多少，我们都不能不认为它在某种程度上与生物体的功能非常相关，每个单个细胞，甚至是不太重要的细胞，都应该拥有一套完整的（双份）密码本。不久前，我们在报纸上得知，蒙哥马利将军在非洲战役中，提出要让他军队中的每一个士兵都认真了解他的所有计划。如果这是真的（考虑到他部队的高智能化和可靠性，其真实性很高），就会跟我们的情况很类似，在这种情况下，我们认为的生物学事实无疑也是真实的。最匪夷所思的事实是，染色体组的双倍性在整个有丝分裂过程中保持不变。它是遗传机制最突出的特点。现在，我们将要讨论并明显揭示一个偏离这种特点的情况。

―――――――――

[1] 请生物学家原谅，我在这个简短的概述中省略了嵌合体的特殊情形。

15.

减数分裂和受精过程

　　个体开始发育后不久，会保留一组细胞，以便在下一阶段产生配子，即精子细胞或卵细胞（视情况而定），这些细胞是成熟个体繁殖所必需的。"保留"就意味着在此期间该细胞会经历较少的有丝分裂。例外的分裂即减数分裂，是指成年后保留的细胞最终产生配子，而配子则在受精后短时间内产生。在减数分裂过程中，亲代细胞的双染色体组随机地分离成两个单染色体组，分配给每一个子细胞，即配子。换句话说，在减数分裂中不会出现染色体数加倍，其染色体数保持不变，每个配子只能得到一半的染色体数。即配子中只有一套完整的遗传密码，而不是两套，例如人

类配子中只有 23 个染色体，而不是 46 个。

只有一组染色体的细胞称为单倍体（出自希腊语 ἁπλοῦς，单一的）。因此配子是单倍体，普通体细胞是二倍体（出自希腊语 διπλοῦς，双倍的）。体细胞内也会出现三组染色体、四组染色体……或偶有发生多组染色体的情况，这些则称之为三倍体、四倍体……多倍体。

在配子结合的过程中，雄性配子（精子）和雌性配子（卵细胞）这两个单倍体细胞结合形成二倍体受精卵细胞。其中一组染色体来自父亲，另一组来自母亲。

16.

单倍体个体

还有一点需要纠正。尽管它对我们的研究目的来说并

非必不可少，但却很有意义，通过它可以表明，每套染色体实际上都包含着一个相当完整的密码本"模式"。

有时减数分裂后并未立马受精，在此期间，单倍体细胞（配子）经历了大量的有丝分裂，从而形成一个完整的单倍体个体。雄蜂就是这样，它是单性生殖，即它是由蜂王的非受精卵产生的单倍体。雄蜂没有父亲，它所有的体细胞都是单倍体。或许这很夸张，但事实上，众所周知，雄峰生命中唯一的任务就是发挥这样的功能。这看起来很荒谬，然而这种情况并非只此一例。有些植物科通过减数分裂产生单倍体配子，称为孢子，它落在地上像种子一样发育成真正的单倍体植物，其大小与二倍体植物大致相同。图5是苔藓的草图，苔藓在我国的森林里很常见。叶状体下部是单倍体植物，称为配子体，其上端的发育性器官和配子体，通过相互受精产生二倍体植物，也就是光秃秃的茎和顶部的蒴果。因为它通过减数分裂，在顶部的蒴

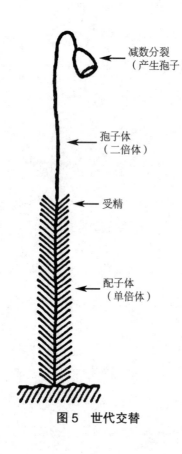

减数分裂
（产生孢子）

孢子体
（二倍体）

受精

配子体
（单倍体）

图5　世代交替

果中产生孢子，所以被称为孢子体。当蒴果打开时，孢子落到地上并发育成多叶的茎。这个过程可以称其为世代交替。人和动物中的减数分裂过程也是这样。但"配子体"（精子或卵细胞视情况而定）通常是寿命极短的单细胞一代。我们的身体相当于孢子体。这些"孢子"是保留的细胞通过减数分裂形成的单细胞。

17.

减数分裂的显性相关

个体繁殖过程中最重要、真正决定命运的事件不是受精，而是减数分裂。一组染色体来自父亲，一组来自母亲。无论是偶然还是命运都无法介入这个事件。每个男人[1]只有一半遗传自父亲，另一半遗传自母亲。由于某种原因，来自父体或母体之一的遗传占主导优势，这点我们稍后会讲到（当然，伴性遗传本身就是具有这种优势最简单的例子）。

但是，当你将遗传的源头追溯到你的祖父母时，情况就不同了。比如，大家着重看一下我父亲的 5 号染色体。

---

[1]　每个女人也是如此，为了避免冗长，我在这篇摘要中省略了非常有趣的性决定和伴性性状等议题（例如，色盲症）。

那是我父亲从他父亲或者他母亲那里得到的一模一样的 5
号染色体。1886 年 11 月，我父亲体内 5 号染色体进行减
数分裂，几天后，是哪一个精子对于我的出生起到作用了
呢。同样的故事可能会在我父系的第 1、2、3……23 号染
色体上重复上演，那么我的每一条母体染色体应该也是如
此。而且这 46 条染色体都是完全独立的。即使知道我父亲
的第 5 号染色体来自我的祖父约瑟夫·薛定谔，而 7 号染
色体仍然同样有可能来自于我祖父，或者来自于他的妻子
玛丽·尼·博格纳（Mary Nee Bogner）。

18.

交换，属性的定位

但是，根据前面的表述，后代中混合祖父母遗传的可

能性甚至更大。人们会下意识甚至明确地认为，一个整体中的特定染色体要么来自祖父，要么来自祖母；换言之，单个染色体是完整遗传的。事实上，它们并不是，或者说并不总是这样。在减数分裂进行分裂前，比如说父体中的一次减数分裂，任何两条"同源"的染色体都会彼此密切连接，在这一过程中，它们有时会以图6所示的方式交换整个部分。在这个"染色体互换"的过程中，位于该染色体各自部位的两种属性将在孙子身上分离，孙子中的一条染色体来自祖父，另一条染色体来自祖母。"染色体互换"既不非常罕见，也不是非常频繁，并且可以提供关于染色体中属性位置的宝贵信息。为了全面说明这一点，我必须要引用下一章并未提及的概念（例如杂合性、显性等），但这将超出本书的范畴，因此我仅在这里指出要点。

如果没有染色体互换，同一条染色体负责的两种属性将永远一起遗传，每个后代都要同时接受这两种属性；但

生命是什么——细胞的物理特性

对于不同染色体，这两种属性要么有一半的概率会被分离，要么永远都会被分离，当它们位于同一祖先的同源染色体上，这两条染色体就永远被分离了。

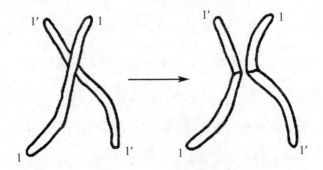

图6　染色体互换。左边：两条同源染色体连在一起。
右边：染色体互换后分离。

　　染色体互换干扰了这些规则和概率。因此，为了得知这一事件的概率，我们可以进行扩展育种实验，并通过仔细记录后代在实验中的百分比组成来确定。在分析统计数据时，我们需要接受这样的假设，即位于同一染色体上的两个属性之间的"联系"，这种联系越少因染色体互换而破坏，则它们彼此联系越近。因为这样，它们之间交换的可能性更小，而位于染色体两端附近的属性则会通过每次的互换而被分开（位于同一祖先的同源染色体中的属性，其重组也大致相同）。通过这种方式，人们可以从"连锁统计"中得到每条染色体的"属性图"。

这些预期已经得到了充分的证实。在已经进行的全部实验中（主要但不仅限于果蝇），按照测试的属性实际上分为许多独立的组，这些独立的组之间没有联系，因为它们是不同的染色体（果蝇有四条染色体）。每一组内可以画一张线性属性图，该图可以定量说明每组中任何两个属性间的联系程度，毫无疑问，它们实际上位于一条直线上，如同染色体的棒状所暗示的那样。

当然，这里对遗传机制的描绘依旧比较空洞、乏味，甚至有点简单。因为我们还没有表明我们对属性的确切理

解。生物体的模式本质上是统一的"整体"，将其分解成离散的"属性"似乎既不充分，也不可行。现在，我真正想说的是，在任何特定的情况下，一对祖先在某个特定属性不同（比如，一个是蓝眼，另一个是褐眼），遗传时后代不是其中一个属性就是另一个属性。染色体上的位置就是这种属性差异的根源（专业术语中称之为"位点"，或者，如果我们考虑它背后的假设性的物质结构，则称之为"基因"）。在我看来，相比于属性本身而言，属性差异实际上是更基础的概念，虽然这一说法存在明显的语言和逻辑矛盾。实际上属性差异是不连续的，下一章谈到突变时会说明，我希望目前所呈现的这种枯燥描述到时候可以变得更具活力和色彩。

第二章　遗传学机制

19.
基因的最大尺寸

刚刚引入了术语"基因"，用于表示具有确定遗传特征的假设性的物质载体。现在，我们必须强调与研究高度相关的两点内容。第一是该载体的尺寸，或者最好是最大尺寸。换言之，我们可以研究多小的体积？第二是从遗传模式的持久性进而推断出基因的持久性。

大小有两个完全独立的预估方法，一种方法是基于遗传证据（育种实验），另一种是基于细胞学证据（直接显微镜检查）。原则上第一种方法很简单。按照上述方式，在染色体的特定位置中找到适当数量（大范围内）的不同特征（例如果蝇）以后，将该染色体的测量长度除以特征数量，

再乘以横截面，就可以得到所需要的估计值。当然，我们只把交换中的偶然分离的特征当作不同特征，这样它们就不可能是相同的（微观或分子）结构。另一方面，很明显，我们的预估只能给出一个最大尺寸，因为随着工作的进行，通过遗传分析分离出的特征数量不断地在增加。

尽管另一种预估方法是基于显微镜的检查，但实际上远远没有那么直接。由于某些原因，果蝇的某些特定细胞（即其唾液腺的细胞）和它们的染色体都会大幅度扩增。通过它们你可以看到纤维上横向暗纹的密集图案。达林顿说，虽然这些暗纹的数量（他使用的是2000条）很大，但与育种实验中该染色体上的基因数量大致相同。他倾向于认为，这些暗纹显示的是实际的基因（或基因的分离）。在正常大小的细胞中测量的染色体长度除以它们的数量（2000），他发现基因的体积等于边长300埃的立方。考虑到预估的粗略性，我们认为这也是第一种方法获得的尺寸。

第二章　遗传学机制

20.

小的数量

稍后我将全面讨论我所能记住的全部事实中的统计物理学关系，或者说，这些事实在活细胞中使用时的统计物理学关系。但是我在此提醒注意这样一个事实，即在液体或固体中 300 埃仅为 100 或 150 个原子距离，因此一个基因包含的原子数将不会超过 100 万或几百万个。从统计物理学的角度来看，即根据物理学，这个数字太小了（从 $\sqrt{n}$ 法则来看），无法保证有序和合法的行为。即使所有这些原子都发挥了相同的作用，就像它们在气体或液滴中一样，这个数量还是太少了。而且基因肯定不只是均匀的液体。它可能是一个大的蛋白质分子，其中每个原子、每个

基团、每个杂合环都起着各自的作用，不同于其他类似原子、原子团或环所起的作用。总而言之，这是著名的遗传学家霍尔丹和达林顿等的观点，我们很快将会讲到可以接近证明这个观点的基因实验。

21.
持 久 性

现在来说第二个高度相关的问题：在遗传属性中遇到什么程度的永久性，我们就必须将其归结于承载它们的物质结构？

这个问题的答案无须任何特殊调查就可以给出。就我们所说的遗传属性这一事实表明，永久性几乎是绝对的。我们需要记住的是，父母遗传给孩子的不仅仅是鹰勾鼻、短指症、风湿病、血友病、二色视觉等这样或那样的属性，我们可以很容易地选择这些特征来研究遗传规律。但实际上，它是整个（四维）的"表现"形式，即个体的可见性和显性，这些特性以近乎世代不变的方式遗传，即使不在几万年之内，起码在几百年之内是不改变的。每次传递时，两个细胞核的物质结构共同形成受精卵细胞。这是一个奇迹，只有另外一个奇迹比它更伟大；一个与之密切相关，但又处于不同层面的奇迹。我的意思是，我们利用这种奇妙的相互作用，拥有了获得更多知识的能力，这就是第二个奇迹。我认为，通过这些知识可能会加深对第一个奇迹的全面了解。但是，第二个奇迹可能超出人类理解范围。

第三章

突　变

在波动的表象中徘徊的东西，

要用持久的思想来固定。

——歌德

22.

"跳跃式"突变——自然选择的基础

我们就刚刚提到的一般事实，这些事实可以证明基因结构的持久性，对我们来说或许太熟悉而不足以令人震惊，也难以令人信服。实际上正如那句俗语所说，例外证明规则。如果孩子和父母之间的相似之处没有例外，那么我们就不需要去做那些美妙的实验，它们可以详细地揭示遗传机制，更不需要去做那些物竞天择、适者生存的宏伟实验。

请允许我把最后这个重要的议题作为介绍相关实验的起始点——很抱歉再次声明一下，我不是生物学家。

第三章 突　变

　　现在，我们已然清楚，达尔文把发生在最同源族群中
的微小的、连续的、偶然的变异，当作是自然选择发挥作
用的依据，这是错误的。事实证明，这些变异并不遗传。
这一事实很重要，可以简单地加以说明。如果你拿一捆纯
株大麦，逐个测量其芒的长度，并将测量结果绘制出来，
可以得到一条如图7所示的钟形条曲线，该曲线表示不同
芒长下对应穗的数量。换句话说：某个中间长度的穗数量
最多，在其两边不同长度的穗数频率不同。现在挑出一组
芒长明显超出平均水平的麦穗（如图7中黑色区域所示），
将种子单独在一块地里播种，并获得新收成的麦穗。同样
对这些麦穗的芒长进行统计并绘图，达尔文期望出现曲线
相应向右移动。换句话说，他认为可以通过自然选择来增
加芒长的平均长度。如果使用了真正的纯种大麦品系，情
况就不是他所想的。从所选作物中得到的新统计曲线与第
一条曲线完全相同，如果选择芒特别短的麦穗作为种子，

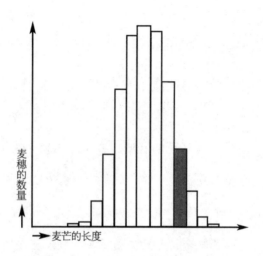

图7　纯种作物的芒长统计。黑色区域表示将被选择播种。
（此内容并非来自实际实验，只是为了说明问题而设置）

情况也是如此。选择没有产生任何效果，因为这些微小的、连续的变异并不遗传。它们显然不是基于遗传物质的结构产生的，而是偶然发生的。

大约40年前，荷兰人德弗里斯发现，即使是完全纯种的种群，其后代中也有极少数个体（万分之二或万分之三）

出现微小的"跳跃式"变化，之所以称为"跳跃式"并不是指其变化程度非常合理的，而是指在没有变化和出现少数变化之间没有中间形式，因此是不连续的现象。德弗里斯称之为突变。其本质是不连续性。这让物理学家联想到了量子理论，即在两个相邻的能级之间没有中间能量。物理学家倾向于把德弗里斯的突变理论，形象地称为生物学的量子理论。我们稍后就会了解到，这种说法特别形象。突变实际上是由基因分子的量子跃迁所导致的。但是，当德弗里斯在 1902 年首次公示他的发现时，量子理论只有两年的历史。难怪直到下一代人才发现其中的亲密关系！

23.

生生不息，一脉相承

突变也可以像原始的、固有的属性一样完美地遗传。

举个例子，在上述的第一批大麦中，有几个麦穗的芒可能会明显超出图 7 所示的变异范围，或者根本没有芒。它们可能会发生德弗里斯所说的突变，然后繁殖出跟它们完全一样的后代，也就是说，它们的所有后代都没有芒。

因此，突变肯定是遗传学机制的一种变化，必须通过遗传物质的某些变化来解释。实际上，大多数揭示遗传机制的重要育种实验，都是根据实验设计，将突变个体（或在许多情况下倍增突变）与未突变或者不同程度突变的个体杂交，然后对杂交获得的后代进行仔细分析。另一方面，由于其孕育的真实性，使得突变成为自然选择发挥作用的基础，通过优胜劣汰最终孕育出达尔文所描述的物种。如果我正确阐述了大多数生物学家所持观点的话，只需用"突变"代替达尔文的理论中"微小的偶然变化"（就像量子理论用"量子跃迁"代替"能量的连续转移"一样）。除

第三章 突 变

了突变外，达尔文的理论在其他方面几乎没有必要更改[1]。

24.

定位隐性和显性

现在，我们同样以略显教条化的方式，来回顾一下突变的一些其他基本事实和观念，而不是直接从实验证据中依次说明它们是如何得出。

我们推断，明确观察到的突变是由其中一条染色体上特定区域的改变引起。事实确实是如此。需要说明的是，

---

[1] 是否可以利用有用或有利方向上明显的突变倾向来辅助自然选择（如果没有则被取代），对这个问题已经进行了充分的讨论。对此，我个人的看法无关紧要。但有必要指出，在以下所有内容中都没有考虑"定向突变"的可能性。而且，我无法在这里讨论"转换"基因和"多基因"的相互作用，尽管它对实际的选择和进化机制很重要。

我们清楚地知道这只是一条染色体的变化，而不是同源染色体相应"位点"的改变。图 8 大致说明了这一点，× 表示的是突变的位点。事实表明，当突变个体（通常称为"突变体"）与非突变个体杂交时，只有一条染色体受到影响。正好有一半的后代表现出突变的特征，另一半的后代则表

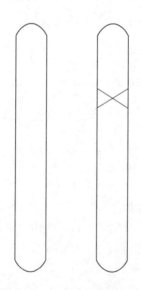

图 8　杂合体突变。× 表示突变的位点

现正常。这就是在减数分裂时，突变体中两条染色体分离的结果，大致如图9所示。这是一个"谱系"，每对染色体代表了一个个体（连续三代）。需要注意的是，如果突变体的两条染色体都受到影响，所有的孩子都会得到不同于父母任何一方的相同（混合）遗传。

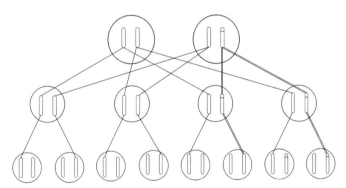

图9　突变的遗传。横线表示一条染色体的转移，双线表示突变染色体的转移。第三代中的不明染色体来自第二代的配偶，其未在图中显示。它们应该是非亲缘关系，没有突变。

但是，在这个阶段所做的实验并非像刚刚说的那样简

单。另一个重要的事实使得它变得复杂，即突变往往是潜在的。这意味着什么？

突变体中的两套"密码本"不再完全相同；它们在同一个位置至少呈现出两种不同的"版本"。虽然这种想法很新颖，但还是应立刻指出，把原版视为"正统"而将突变版本视为"异类"，这完全是错误的。原则上，我们必须认为它们是平等的，因为正常的特征也是来自突变。

实际情况是，通常个体的"表现型"要么遵循一个版本，要么遵循另一个版本，这个版本可能是正常版本，也可能是突变版本。遵循了的版本被称为显性，反之，未遵循的版本称为隐性；换句话说，通过它是否可以直接影响表现型的改变，进而来判断突变是显性还是隐性。

虽然一开始根本不会出现隐性突变，但隐性突变甚至比显性突变更频繁，而且它非常重要。只有两条染色体上都发生隐性突变，才会改变表现型（见图10）。当两个同

样的隐性突变体偶然相互杂交或当突变体自身杂交时，就会产生这样的个体；这种情况在雌雄同体的植物中可能很容易出现。这种情况下，约四分之一的后代会表现出隐性突变的表现型。

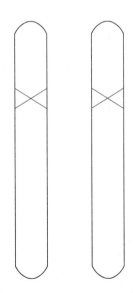

图 10 纯合突变体是从杂合突变体自体受精（见图 8）或两个杂合突变体杂交的四分之一的后代中获得

25.

术　语

　　我认为在此解释几个术语将会更清楚。对于我所说的
"密码本"，无论是原始基因还是突变基因，都使用了"等
位基因"一词。如图 8 所示，就该位点而言，当它们的等
位基因不一致时，称该个体为杂合子。当等位基因相同时，
如在非突变的个体中或在图 10 情况下，称之为纯合子。因
此，隐性等位基因只有在纯合时才会影响表现型，而显性
等位基因，无论是纯合的还是仅仅是杂合的，都会产生相
同的表现型。

　　与无色（或白色）相比，有色往往是显性的。举个例
子，只有当豌豆的两条染色体中"负责白色的隐性等位基

因"均为"白色纯合子"时，才会开白花。其繁殖的所有后代都将是白色的。但是，如果只有一个"红色等位基因"（另一个是白色的，即"杂合"）就会开红花，两个红色等位基因（纯合）也会开红花。后两种情况的差异只会在后代中表现出来，杂合子的红色会产生一些白色的后代，而纯合子的红色只会产生红色的后代。

　　两个个体在外部的表现上可能完全相同，但在遗传上却有差异，这一事实很重要，并需要严格区分的。遗传学家说它们的表现型相同，但基因型不同。因此，上述几段内容可以用简短的专业术语来概括：

　　只有基因型是纯合时，隐性等位基因才会影响表现型。

　　我们偶尔会使用到这些术语，必要时需要向读者讲述它们的含义。

26.

近亲繁殖的有害影响

仅有杂合的隐性突变不是自然选择的结果。如果它们
是有害的，如同经常发生的突变，那么它们将不会被消除，
因为它们都是潜在的。因此，大量的不利突变可能会积累
但不会立即表现出损害。但它会传递给一半的后代，这种
不利突变在人、牛、家禽或我们当前关注的良好体质的任
何其他物种都有重要的应用。如图 9 所示，假设男性个体
（以我为例）携带某种杂合的隐性有害突变，它并不会表现
出来，而我妻子没有有害突变。那么，我们一半的孩子（第
二代）也会携带杂合基因。如果我们所有的孩子都与未突
变的伴侣再次交配（为了避免混淆，图中省略了这一点），

平均而言，我们会有四分之一的孙子孙女受到有害的突变基因的影响。

　　除非受到同样影响的个体彼此杂交，否则不会出现致命的危险，显而易见，这样杂交的结果是他们的孩子中有四分之一是纯合的，并且将表现其伤害。自体受精（仅在雌雄同体植物中才有可能发生）最大的危害是我的儿子和女儿结婚。他们每个人都有同等机会受到潜在有害突变的影响，这种乱伦的结合将有四分之一的危险概率，而他们的孩子受到伤害的概率是四分之一。因此，乱伦育儿的危险因子是 1：16。

　　同样的计算方式，我的两个孙子孙女（纯种）是嫡亲堂兄妹，其后代的危险因子为 1：64。这些貌似不太可能发生，实际上这种婚姻经常发生。但请不要忘记，我们已经分析了祖先配偶（我和我的妻子）中的一个伴侣，仅受到某一种潜在伤害的影响。实际上，配偶两个人都很有可能包含多个潜在的伤害。如果你知道你自己有某个确定的危害基因，那么你就要清楚，8个表亲中就有1个人也携带这种危害基因！动植物的实验似乎表明，除了相对罕见的严重缺陷外，似乎还有一大批小缺陷，这些小缺陷偶然结合后使得整个近亲繁殖的后代恶化。既然我们并不赞同拉西德蒙人在泰吉托斯山采用的严酷方式消灭失败者，那么我们就必须特别认真地看待人类的这些事情，对人类而言，优胜劣汰的自然选择已经不多，甚至很少。如果说，更原始条件下的战争可能还具有积极选择的价值，使最适合的部落幸存下去，那么现代大规模屠杀各国健康青年的反选择效应，连这一点理由也不复存在了。

第三章 突 变

27.

一般的和历史的评价

　　隐性等位基因在杂合时没有显性基因有优势，根本不产生可见的效果，这一事实令人惊讶。需要说明的是，显性基因也有例外。当纯合的白色金鱼草与同样纯合的深红色金鱼草杂交时，所有的直系后代都是中间颜色，即粉红色的（而不是预期的深红色）。更重要的是，两个等位基因同时在血型中表现出它们的这种效应，但我们不在这里讨论这一点。如果最终证明隐性能够分级，并且依赖于我们检验"表现型"实验的敏感度，那么我不会感到惊讶。

　　也许可以追溯到遗传学的早期历史。该理论的核心，即双亲的各个属性在世代中的继承法则，尤其是隐性和显

性的重要区别，均归功于世界著名的奥古斯丁修道院院长格雷戈尔 - 孟德尔（1822—1884）。孟德尔对突变和染色体一无所知。在位于布伦（Brno）的隐蔽花园里，他做了豌豆的实验，培育了不同品种的豌豆，将其杂交后观察它们第 1 代、第 2 代、第 3 代……后代的表现。可以说，他使用了自然界中现成的突变体做实验。并于 1866 年将成果发表在布伦的《自然保护者协会论文集》上。似乎没有人对这位修道士的爱好特别感兴趣，当然也没有人会想到，他的发现能够成为 20 世纪一个全新科学分支的指导方向，这无疑是我们这个时代最有趣的学科。他的论文早已被人遗忘，直到 1900 年才分别由科伦斯（柏林）、德弗里斯（阿姆斯特丹）和切尔马克（维也纳）发现。

28.

突变一定是罕见事件

　　到目前为止，我们主要将注意力集中在有害突变上，这类突变的可能会更多一些；然而，须明确指出的是，我们也确实遇到过有利的突变。如果自发突变是物种发展过程中的一小步，那么我们就会有这样的印象：自发突变以偶然的形式、冒着可能存在有害突变而被自动消除的风险不断做出"尝试"。这就引出了非常重要的一点。为了适应自然选择，突变一定是罕见事件，就像它们实际发生的那样。如果它们频繁发生，那同一个体就会有相当大的概率发生十几种不同的突变，通常有害突变会比有利突变更占优势，物种不仅不会因选择而得到改善，反而会保持不变，

或者消亡。重要的是基因的高度永久性导致基因的相对保守性。这一点可能与大型制造厂的工作类似。为了发展寻求更好的方法，即使未经验证，也必须尝试创新。想要确定创新是提高了产出还是降低了产出，最重要的一点就是，一次只引入一个方法，而其他所有部分的方法均保持不变。

29.

X 射线诱导的突变

我们现在需要回顾一系列最巧妙的遗传学研究工作，以此证明与我们分析最为相关的特点。

采用 X 射线或 γ 射线照射亲代，可以计算后代中的突变百分比，即所谓的突变率，相比低的自然突变率，射线所致的突变率要高出很多倍。以这种方式产生的突变（除

了数量更多以外）与自然发生的突变没有任何区别，因此人们认为，"自然"突变也可以用 X 射线诱导。在果蝇的大量培育中，许多特殊的突变自发地重复出现；如第 18 节所述，这些突变位于染色体中，且赋予了特殊的名称。我们甚至还发现了所谓的"多等位基因"，即除了染色体密码中同一位置正常的、非突变的版本外，还有两个或更多不同的"版本"；这意味着在那个特定的"位点"中，不仅仅有两个，而是三个或更多的选择，当它们同时出现在两个同源染色体的相应位点上时，其中任何两个之间都是有"显性—隐性"的关系。

　　X 射线致使的突变的表现是，每一次特定的"转变"，比如从正常个体到特定突变的转变或者从特定突变到正常个体的转变，都有其个体的"X 射线系数"，"X 射线系数"指的是在产生后代之前，单位剂量的 X 射线照射到亲体上时，那么最终以这种特定方式突变的概率有多大。

30.

第一定律，突变是单一事件

此外，控制诱发突变率的规律极其简单且极具启发性。这里我沿用的是 1934 年季莫菲耶夫（N.W.Timofeeff）发表于《生物评论》第九卷上的报告。它在很大程度上引用的是作者本人出色的工作。第一定律是：

（1）突变的增加与射线的剂量正好成正比，因此我们（像我一样）可以引入一个增加系数。

我们常常习惯于这些简单的比例关系，却容易低估这一简单规律所造成的深远影响。要掌握这些规律，我们可能会想到，比如某种商品的价格并不总是与其数量成正比。如果你平时从他那里购买了 6 个橙子，店主可能会对你印

第三章 突 变

象深刻，所以当你决定买一整打（即 12 个）橙子时，他可能会以低于 6 个橙子的两倍价格卖给你。然而当橙子缺货时，情况可能会相反。因此，我们可以认为，虽然辐射的第一半剂量导致千分之一的后代发生了突变，但是，无论在突变的方式还是突变的免疫上，都没有对其余的后代产生任何影响。否则，第二半剂量不会再次导致千分之一的突变。因此，突变不是由连续的小剂量辐射相互加强所造成的累积效应。它必定是辐射过程中发生在一条染色体上的某个单一事件。那么它是什么样的事件呢？

31.

第二定律，突变的特定化

第二定律回答了这个问题，那就是：

（2）如果你想要在很宽的范围内（从软 X 射线到很硬的 γ 射线，）改变射线的波长，只要给出以伦琴为单位的相同剂量，那么系数就保持不变。也就是说，只要在亲体照射期间的某个位置，选择合适的标准物质测量单位体积产生的离子总数，计算剂量即可。

人们选择空气作为标准物质，不仅是为了方便，而是因为生物组织由与空气具有相同原子量的元素组成，用空气中的电离数目乘以密度比，从而获得组织中的电离或相关过程总量（激发）的下限值[1]。通过更关键的调查证实，引发突变的单一事件，很明显只是在生殖细胞的某个"临界"体积内发生的电离（或类似过程）。这个临界体积的大小是多少？根据观察到的突变率估计：如果每立方厘米 50000 个离子所产生的剂量，使得任何特定的配子（处于辐

---

[1]　之所以是下限，是因为这些其他过程无法用电离测量，但在产生突变方面可能是有效的。

照区）辐射后，其突变的概率为 1/1000，因此我们得出结论，临界体积，就是被电离"击中"引发突变的"靶"的体积，它仅有 1/50000 立方厘米的 1/1000，即 1/50000000 立方厘米。这些数字并不准确，仅用以说明问题。实际估计中，我们遵循 Delbrück、N.W.Timoféëff 和 K.G.Zimmer 的论文[1]，这篇论文也将是后面两章所要阐述的理论的主要来源。文章中指出，大约 10 个平均原子距离的立方体，仅包含大约 10^3=1000 个原子。简单地说就是，当电离（或激发）作用在距离染色体上某个特定位置不超过"10 个原子"时，有很大机会引发突变。稍后我们将更详细地讨论这个问题。

　　Timoféëff 的报告有一个实际的指示意义，我在此不能不提，当然，它对我们目前的调查没有任何影响。现代生

---

　　[1]　　Nachr. a. d. Biologie d. Ges. d. Wiss. Göttingen, 1 (1935), 189.

活中，人们在很多场合不可避免地接触 X 射线。众所周知，它会直接导致烧伤、X 射线癌、绝育等危害，现在已经通过铅屏、含铅围裙等来防护，特别是那些经常接触射线的护士和医生们。可问题是，虽然成功地消除了这些对个人的直接危害，但似乎生殖细胞还面临着一些小的有害突变的间接危险，这就是近亲繁殖的不良后果所要面临的突变。说得严重一点，尽管这种突变发生的可能性很小，但嫡亲堂兄妹结婚的危害性很可能因为其祖母曾长期担任 X 射线护士而有所增加。这不是所有人都需要担心的问题。但是，这些不想要的潜在突变，影响人类进步的任何可能性，都应该引起社会的关注。

第四章

量子力学证据

你如火焰般炽热奔放的想象，

如同寓言里的人物形象。

——歌德

32.

经典物理学无法解释的永恒

经过生物学家和物理学家的共同努力，他们利用奇妙精巧的 X 射线仪器（正如物理学家记得的那样，30 年前它揭示了晶体的详细原子晶格结构），成功地使显微结构的体积（基因的大小）上限大幅度降低，使其远远低于第 19 节的估计值，而这些微观结构显示了个体的大量特性。我们现在面临着一个严肃的问题：从统计物理学的角度来看，基因结构似乎只涉及相对较少数量的原子（约 1000 个甚至可能更少），但它仍然显示出最规则和合规的活动，具有近

乎奇迹般的耐久性或持久性，如何用统计物理学的观点解释这两个事实呢？

让我再次将这令人惊讶的事实形象地解释给大家。哈布斯堡王朝的一些成员有下唇畸形（哈布斯堡嘴唇）。在该家族的支持下，维也纳帝国学院对其遗传结构进行了仔细研究，并绘制了完整的历史画像。事实证明，下唇畸形是正常嘴唇形状的真正孟德尔式的"等位基因"。通过观察他们的肖像，这些肖像来自 16 世纪的一位家族成员及其来自 19 世纪的后代，可以推测出，决定异常特性的物质基因结构在几个世纪以来代代相传，在为数不多的数次细胞分裂中忠实地复制了下来。此外，基因结构所涉及的原子数量很可能与 X 射线照射下的原子数量级相同。在此期间，该基因一直保持在 98 华氏左右的温度。几百年来，为什么它可以一直不受热运动的无序干扰呢？

在上个世纪末，物理学家如果仅仅想要利用他所能解释和真正能够理解的自然规律，那么他就会对这个问题束手无策。对统计学情况稍作思考之后，他有可能会回答（正如我们将要看到的，这是正确的）：这些物质结构只能是分子。这些原子集合体的存在，及其有时的高稳定性，在当时化学界已经有了广泛的认知。但这些认知纯粹来源于经验。分子的性质、使分子保持形状的原子间的强键相互作用，对大家来说完全是一个难题。尽管上述答案正确，但将未知的生物稳定性追溯到同样未知的化学稳定性，几乎没有什么价值。即使外观上相似的两个特性都基于相同的原理，但只要原理本身是未知的，那么这个证明始终不是很牢靠。

33.

使用量子理论解释

在这种情况下，可以使用量子理论解释。根据现有知识，遗传机制与量子理论的基础密切相关，但不是建立在量子理论的基础之上。1900 年，马克斯·普朗克提出了量子理论。现代遗传学可以追溯到德弗里斯、科伦斯和切尔马克（1900 年）重新发现孟德尔的论文以及德弗里斯关于突变的论文（1901—1903）。这两个伟大理论的几乎是同时诞生的，难怪它们都必须达到一定程度才出现联系。直到1926—1927 年，W.Heitler 和 F.London 用了 25 年时间概述了化学键的量子理论的一般原理。海特勒 - 伦敦理论涵盖了量子力学（称为"量子力学"或"波力学"）最新发展的

最微妙和错综复杂的概念。不使用微积分的话很难进行描述或者至少需要另一个类似这样的小册子。幸运的是，目前这些所有工作都已完成，有助于阐明思路，似乎也能够更直接地表明"量子跳跃"和突变之间的联系，并阐述清楚最关键的部分。这就是我们试图要做的事情。

34.

量子理论—离散态—量子跃迁

量子理论的伟大启示是在《自然之书》发现了离散性的特征，根据当时所持观点来看，除了连续性之外，其他任何观点似乎都是荒谬的。

第一个案例是关于能量的，宏观物体可以不断地改变其能量。例如，摆动的摆锤会因空气阻力而逐渐减慢。奇

怪的是，微观物体的系统表现是不同的。由于一些原因无法在这里一一讨论，我们假设，微观系统按其性质只能拥有某些离散的能量，称其为特殊能级。从一种状态到另一种状态的转变是一个相当神秘的事件，通常称为"量子跃迁"。

但能量并不是一个系统唯一的特征。再次以摆锤为例，一个重球用绳子悬挂在天花板上，可以进行不同种类的运动。它不仅可以做南北、东西或任何其他方向的摆动，且可以做圆形或椭圆形摆动。用风箱轻轻地吹球，可以使球从一种运动状态持续传递到另一种运动状态。

对于微观系统，类似的特性（我们无法详细介绍）大多数都是不连续地变化的。它们就像能量一样，都是"量子化的"。

其结果是，许多原子核包括它们周围的电子，当它们发现彼此靠近形成一个"系统"时，这些原子核因其特性

而无法任意构建成一种构型。它们的特性决定了它们只能选择大量但离散的"状态"[1]。我们通常称其为级或能级，因为能量是非常重要的一部分特性。但我们需要明白，完整的描述不仅仅包括能量。把这种状态看作是所有微粒的确定结构，这实际上是正确的。

当发现彼此靠近形成一个"系统"时，由于其本质，不能任意构建成一种模型。它们的性质决定它们只能有非常多，但离散的一系列"状态"可供选择。我们通常称其为级或能级，因为能量是非常重要的一部分特性。但我们必须明白，完整的状态包括的不仅仅是能量。把状态看作是所有微观粒子的确切构型，这实际上是正确的。

从一种构型到另一种构型的转变是一个量子跃迁。如

---

[1] 我采用的是一种常见的通俗说法，其足以满足我们目前的需要。但为了省事而延续错误，我也为此于心有愧。实际的情况要复杂得多，因为它还包含系统状态的偶然不确定性。

果第二种构型有更大的能量（更高的能级），外部必须至少提供两个能级的差值，才能实现一种构型到另一种构型的转变。由高能级向低能级水平转变，可以自发变化，并将多余的能量消耗在辐射上。

35.

分　子

一组给定的原子离散状态集中，可能但未必一定存在最低能级，这意味着原子核彼此接近。处于这种状态的原子结合形成分子。这里要强调的是，分子必然会有一定的稳定性；除非外部提供能量差，把它"提升"到更高能级水平，否则分子构型不会改变。因此，这个能量差是确定的数量值，它定量地决定了分子的稳定程度。人们会发现，

这一事实与量子理论的基础，即能级结构的离散性，紧密地联系在一起。

我恳请读者注意一下，化学事实已经彻底检验了这一观点；事实证明，它成功地解释了化学原子价的基本事实，以及关于分子结构、分子的结合能、分子在不同温度下的稳定性等许多细节。我说的是海特勒 - 伦敦理论，正如我之前所说，无法在这里详细讨论。

36.

分子的稳定性取决于温度

我们在此限于验证最有趣的生物学问题，即分子在不同温度下的稳定性。首先，实际上原子系统处于最低的能量级状态。物理学家将它称为绝对零度下的分子。要想把

它提升到下一个更高的状态或能级，就需要一定的能量供
给。最简单的能量供给方法就是给分子"加热"。将其放入
一个温度更高的环境（热水浴），允许其他系统（原子、分
子）撞击分子。因为整个热运动的不规则性，所以没有一
个明确的温度极限，使得其可以立即"提升"到下一个能
级。在任何温度下（与绝对零度不同），可以或大或小地
提升能级，其概率会随着热浴温度的升高而增加。表述概
率的最好方式是必须等待提升发生的平均时间，即"期望
时间"。

　　从 M.Polanyi 和 E.Wigner[1] 的一项研究来看，"期望时
间"在很大程度上取决于两种能量的比率，一种是影响提
升所需的能量差本身（用 W 表示），另一种是所讨论的不
同温度下热运动的强度（用 T 表示绝对温度，kT 表示特征

---

[1]　物理学杂志，化学（A），哈伯·班德（Haber-Band，1928
年），第 439 页。

能量）[1]。我们通常认为，与平均热能相比，升力本身越高（即 $W:kT$ 比例越大），产生提升的概率越小，因而期望时间越长。令人惊讶的是，$W:kT$ 相对较小的变化会极大地影响期望时间。举个例子（按照 Delbrück 的理论）：当 W 是 kT 的 30 倍时，期望时间可能短到 1/10s；但当 W 是 kT 的 50 倍时，期望时间将上升到 16 个月；当 W 是 kT 的 60 倍时，期望时间将上升到 30000 年。

37.

数学语言插曲

对于那些对它感兴趣的读者来说，也许还应使用数学

---

[1] k 是一个数值已知的常数，称为玻耳兹曼常数；$3/2kT$ 是温度 T 下气体原子的平均动能。

语言来说明对能级或温度变化如此敏感的原因，并增加一些类似的物理说明。出现上述现象的原因是期望时间 t 可以用指数函数：

$$t = \tau e^{W/kT}$$

表示，t 取决于 W/kT 的比率，τ 是某个量级约为 10^{-13} 或 10^{-14}s 的较小常数。这个特定的指数函数并不是偶然推导出来的，它是在热统计理论中反复出现，从而构成了该理论的核心。该函数用来计算像 W 这么大的能量偶然聚集在系统的某部分中的不可能性概率，当"平均能量"kT 为相当大的倍数时，这种不可能性就会大大增加。

实际上，$W=30kT$（参见上面引用的示例）已经非常少见。由于因子 τ 很小，因此不会导致很长的预期时间（示例中仅有 1/10s）。τ 因子表示系统中一直发生的振动周期的量级，具有一定的物理意义。大致来说，τ 因子表示积累所需的 W 能量的概率，尽管它很小，但"每次振动"时反复

出现，每秒钟大约出现 10^{13} 次或 10^{14} 次。

38.

第一项修正

在讨论分子稳定性的理论时，我们默认，称其为"提升"的量子跃迁，即使不会导致完全解体，至少也会导致相同原子出现不同的分子构型，化学家称之为同分异构体分子，该同分异构体分子由不同排列的相同原子组成（在生物学应用中，它代表同一"位点"中的不同"等位基因"，量子跃迁代表突变）。

为了对其进行解释，我已对它们进行了简化，使之通俗易懂，在此，我必须修正两点。根据以上所述，有人可能认为，只有在最低的状态下，一组原子才会形成所谓的

分子，而下一个更高的状态是"其他的东西"。而事实并非如此。事实上，最低的能级之后还有一系列密集的能级，这些能级不会在整体上对任何构型造成明显的变化，而仅与第 37 节提到的原子之间的微小振动有关系。它们也是被"量化的"，从一个能级到另一个能级的幅度相对较小。因此，"热浴"下粒子的碰撞就足以引发振动。如果分子是延伸的结构，则可以把这些振动视为高频声波，该声波穿过分子却不会造成任何伤害。

因此，第一项修正的意义不大：我们可以忽略能级图的"振动精细结构"。"下一个更高层次"这个词须理解为对应于相关构型变化的下一个层次。

39.
第二项修正

　　第二项修正要比较难以解释，因为它涉及相关不同能级间的特点，这些特点很重要但相当复杂。除了供应需要的能量外，两个能级之间的自由通道可能会受到阻碍；事实上，即使是从较高的状态到较低的状态，也可能会受到阻碍。

　　我们先从经验事实说起。化学家都清楚，同一组原子可以以多种方式结合形成分子。这种分子称为同分异构体（"由相同的部分组成"；ίσος = same, μέρος = part）。同分异构性不是例外，而是规则。分子越大，同分异构体就越多。图 11 显示了最简单的情况之———丙醇的两种形式，

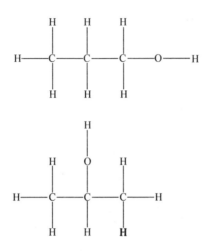

图 11　丙醇的两种同分异构体

均由 3 个碳原子（C），8 个氢原子（H），1 个氧原子（O）

组成[1]。碳原子（C）可以在任何氢原子和碳原子之间插入，

但只有图中所示的两种情况是不同的物质。确实是这样。

它们的所有物理和化学常数都截然不同。其能量也不同，

---

[1]　讲座上展示了分别用黑色、白色和红色木球表示 C、H 和

O 的模型。我没有在这里重述这些模型，因为它们与实际分子的相

似性与图 11 所示差不多。

代表着"不同的能级"。

值得注意的事实是，这两个分子都非常稳定，都表现得如同是"最低状态"。它们不存在从任何一种状态到另一种状态的自发转变。

原因就是这两个构型不是相邻构型。从一种构型到另一种构型的转变只能发生在中间构型上，而中间构型的能量比它们中的任何一个都要大。简言之，必须从一个位置提取氧原子，然后将其插入到另一个位置。似乎没有一种方法可以在不通过高能量中间构型的情况下做到这一点。分子的能量状态有时如图12所示，其中1和2表示两个异构体，3表示它们之间的"阈值"，两个箭头分别表示产生从状态1到状态2或从状态2到状态1的跃迁所需供应的能量。

"第二项修正"，即指在生物学应用中，"同分异构体"的跃迁是我们唯一所感兴趣的转变。在第37节中解释"稳

定性"时已经谈到了这些。我们所说的"量子跃迁"是指从一种相对稳定的分子构型到另一种构型的转变。转换所需供应的能量（用 W 表示）不是实际的能级差，而是从初始能级到能级阈值的能量差（见图 12 中的箭头）。

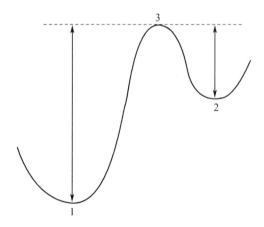

图 12　能量阈值（3）位于异构体能级（1）和（2）之间。箭头表示跃迁所需的最低能量

在初始状态和最终状态之间，没有阈值的转换是完全

没有意义的，这不仅仅体现我们的生物学应用中。事实上，它们对分子的化学稳定性没有任何贡献。为什么呢？因为它们没有持续地作用，所以一直为人们所忽视。当它们发生跃迁时，几乎立即就会回到初始状态，因为没有什么能阻止它们返回到初始状态。

第五章
对 DELBRUCK 模型的讨论和检验

正如光明显示其自身和黑暗时，

真理既是自身的标准，

又是谬误的标准。

斯宾诺莎《伦理学》，第 2 卷，第 43 号提案

40.

遗传物质概况

上述事实可以很简单地回答我们的问题，该问题即：这些由相对较少的原子组成的结构（如遗传物质），能否长期承受不断暴露于热运动的干扰影响？我们假设，基因的结构是一个巨大的分子，只能发生不连续的变化，包括原子重排和产生同分异构分子[1]。这种重排只影响一小部分基因，但是可能会有大量不同的重排。若要将实际的构型从

---

[1] 为了方便起见，我将继续称其为同分异构体的跃迁，尽管排除其与环境进行交换的任何可能性是荒谬的。

任何同分异构体分离出来，它的能量阈值必须高于原子的平均热能，才能发生罕见的跃迁事件。这些罕见的跃迁事件，就是我们所熟知的自发突变。

本章的后续部分将通过与遗传事实进行详细比较，着重来介绍基因和突变的大致情况（主要依据德国物理学家 M. Delbrück 的理论）。在此之前，我们先适当地对该理论的基础和一般性质做一些解释。

41.

基因的独特性

对于生物学问题而言，挖掘其最深层的根源并找到有关量子力学机制的全貌是否有绝对必要呢？我敢说，基因是分子，类似这样的推测在今天已经司空见惯了。无论是

否熟悉量子理论，多数生物学家都会支持这一结论。在第 32 节中，我们大胆地借助前量子物理学家的量子理论，作为对所观察到的持久性的唯一合理解释。随后的同分异构现象、能量阈值和 W 与 kT 之比对确定同分异构体跃迁概率的重要性的考虑，这些都可以通过纯粹的经验基础引入，而无须依赖量子理论。即使我无法在本书中真正阐明这一点，而可能让更多的读者感到厌烦，那么，为什么我还如此强烈地坚持量子力学的观点呢？

量子力学机制是第一个理论性机制，它通过第一原则对自然界中实际遇到的各种原子的集合体进行解释。海特勒 - 伦敦（Heitler-London）键代表了该理论的独特、单一特征，但它并不是为了解释化学键而发明的。它以一种非常有趣和令人费解的方式，用完全不同的理由让人们接受这一理论。它与所观察到的化学事实完全吻合，并且正如我所说，众所周知它独特的特征，因此可以肯定地说，

在量子理论的进一步发展中，"类似这样的事情不会再次发生"。

　　因此，可以断言，除了用分子学解释遗传物质外，我们别无选择。从物理学的角度看，也没有其他可能性可以解释其持久性。如果德尔布吕克（Delbruck）的理论是错的，那么我们就必须放弃进一步的尝试。这是我要指出的第一点。

42.
一些传统的错误观念

　　可能有人会问：除了分子之外，真的没有由原子组成的其他持久性结构吗？比如，坟墓中埋了几千年的金币，不就保留了印在上面的画像特征吗？硬币确实是由大量的

原子组成，但在这种情况下，我们肯定不会将画像的保留仅仅归因于大量原子的统计学规律。对于岩石中发现的一批整齐发育的晶体，且其历经地质时期而未改变，这个道理同样适用。

这就引出了我所要说的第二点。分子、固体和晶体其实并没有什么不同。就目前的认知而言，它们几乎是一样的。遗憾的是，学校教学中仍保留着某些传统的观点，这些观点已经过时多年，也不利于人们对实际情况的了解。

事实上，在学校里我们并未学过类似的知识：与液态或气态相比，分子更接近于固态。我们学习的是要仔细区分物理变化和化学变化，比如，熔化或蒸发是物理变化，因为在这个过程中分子不变（例如酒精，无论是固体、液体还是气体，始终都由相同的分子 C_2H_6O 组成），而酒精燃烧是化学变化，因为酒精分子和三个氧分子发生重排，即：

$$C_2H_6O+3O_2=2CO_2+3H_2O,$$

从而形成两个二氧化碳分子和三个水分子。

我们已经知道，晶体是三重的周期性晶格，在这些晶格中，单个分子的结构（如酒精和大多数有机化合物）有时是可以辨认的，而在岩盐（氯化钠，NaCl）等其他晶体中则不同，NaCl分子没有明确地划定界限，因为每个Na原子被6个Cl原子对称地包围，因此几乎任何2个Cl原子都可以视作成对的NaCl分子。

因此，我们可以得出，固体可能是晶体，也可能不是晶体，如果是后一种情况，我们称其为非晶态。

43.

物质的不同形态

现在，我不会说这些说法和区分都是错误的。在实际

应用中，它们有时是有用的。但在真正的物质结构方面，必须以完全不同的方式来划定界限。根本的区别可以用下面的两行"等式"表达：

$$分子 = 固体 = 晶体$$

$$气体 = 液体 = 非晶态$$

我们必须简要解释一下这个等式。所谓的非晶态固体，并不一定没有固定形态的也不一定就是固体。在"非晶"木炭纤维中，X 射线发现了石墨晶体的基本结构。因此，木炭既是固体，又是晶体。如果我们没有发现晶体结构，很可能将其视为具有极高"黏度"（内摩擦）的液体。这种物质没有明确的熔解温度和熔化潜热，说明它不是真正的固体。加热后，它会逐渐软化并最终液化（我记得，第一次世界大战结束时，我们在维也纳得到了一种沥青状的物质来代替咖啡。它很坚硬，我们用凿子或柴刀将其切成碎片，这时它就会呈现出光滑的、像贝壳一样的裂缝。然而，

如果你不小心把它放在里面几天，时间长了它就会像液体一样，紧紧地黏着在容器的下面）。

众所周知，气态和液态具有连续性。"围绕"所谓的临界点时，任何气体液化都可以体现其连续性。在这里就不再展开论述了。

44.

真正的差异

除了将分子视为固体或晶体这一要点外，其余部分我们在上节中都已讲过。

理由就是，无论构成分子的原子数有多少，使其结合的力与构成真正固体（晶体）的大量原子结合在一起的力完全相同。因此该分子具有与晶体结构相同的坚固性。请

记住，正是这种坚固性导致了基因的持久性！

原子是否通过海特勒－伦敦键结合在一起，决定了物质结构中真正重要的差异。固体和分子都是通过海特勒－伦敦键结合在一起。而在单原子的气体（例如汞蒸气）中则没有海特勒－伦敦键。而对于由分子构成的气体，只有每个分子中的原子以这种方式连接。

45.

非周期性固体

一个小分子可被称为"固体的胚芽"。从这样一个小小的固体胚芽开始到建立起越来越大的联系，一般有两种不同的方法。第一种方法：相对来说比较枯燥，即从三个方向重复相同的结构。这种方法是生长中的晶体所遵循的

方法。一旦确定了周期性，那么……数量就没有明确的限制。第二种方法：建立一个越来越延伸的集合体而并非重复性扩大。复杂的有机分子就是采用这种方法，有机分子中的每一个原子和每一组原子都起着各自的作用，并不完全等同于许多其他分子（与周期性结构中的情况一致）。我们可能会适当地称其为非周期性晶体或固体，并假定：我们认为基因或整个染色体纤维[1]都是非周期性固体。

46.

微缩的密码中包含的各种内容

常常有人会问，受精卵的细胞核那么小，怎么可能包

---

[1] 染色体纤维高度灵活，像细铜线一样，没有人质疑这一点。

含一套精心编纂的密码本，并且它可以决定所有生物体的未来发展。一个有序的原子联合体，具有足够的抵抗性来永久地保持其秩序，这似乎是唯一可以提供各种可能（同分异构体）的物质结构，足以在一个小的空间边界内体现一个复杂的"控制系统"。事实上，这样的结构中不需要太多的原子，就可以产生接近无限多的排列。为了便于理解，可以参考摩尔斯电码。摩尔斯电码中用点和破折号两种符号表示，如果一个有序组的符号不超过4个，则有30个不同的组合。现在，如果允许使用除了点和破折号之外的第三种符号，一个组的符号不超过10个，则有88572个不同的"字母"；如果使用5个符号，一个组的符号不超过25个，就可以有372529029846191405个不同的组合。

也许有人会反对说，这个比喻不恰当，由于摩尔斯电码可能包含不同的符号（如·——和··—），因此它们不

是同分异构体的恰当类比。为了纠正这一不足之处，我们从第三个例子中仅选择 25 个符号的组合，并且从 5 种类型中各选取 5 个符号（5 个点、5 个破折号等）。粗略计算了一下，可以得到 62330000000000 个组合数，其中右边的零代表我没有精确计算的数字。

当然，实际上，不是每一个"原子团"的排列都能代表一个可能的分子；也不是所有密码都能被采用，因为密码本是指导个体未来发展的操作因子。另一方面，示例中选择的数量（25）仍然很小，我们只预想了在一行中简单排列的情况。我们只想说明的是：就基因的分子图而言，基因微缩的密码应该与一个高度复杂且特定的发展计划精确地对应，并且可以使其生效的方式，这不再不可思议。

47.

与生物学事实比较：稳定性，
突变的不连续性

现在，我们来比较一下基因的分子图与生物事实。显而易见，首要的问题就是基因的分子图是否真的可以解释我们所观察到的基因的高度永久性。所需阈值（是平均热能 kT 的好多倍）是否合理，是否在普通化学的已知范围内呢？这个问题很简单，无须查表就可以肯定地回答它。一定温度下，化学家分离出的任何物质的分子，至少在该温度下能够存活几分钟。（这是相对保守的说法，一般来说，它们存活的时间会更长一些。）因此，化学家遇到的阈值必须精确到所需的数量级，以解释他们可能遇到的任何持久性程度；我们回顾一下第 36 节，大约在 1：2 范围内的阈值，可以解释从几分之一秒到数万年范围内的寿命。

我提几个数字，供以后参考。第 36 节中提到的 W 与 kT 之比，即：

$$\frac{W}{kT} = 30,50,60,$$

时，其寿命分别为 1/10s、16 个月和 30000 年，室温下的阈值分别为 0.9、1.5、1.8 电子伏特。

我们有必要解释一下"电子伏特"这个单位，对于物理学家来说，这个单位非常方便，它可以直观地显示阈值。例如，第三个数字（1.8）意味着，一个电子在 2 伏左右的电压下加速，会获得足够的能量正好可以通过碰撞实现跃迁（以一个电池为 3 伏的普通手电筒作为比较）。

不难想象，由振动能量的偶然波动引起的分子某些部分异构体构型变化，实际上是十分罕见的事件，可以理解为一种自发的突变。根据量子力学的基本原理，我们解释

了有关突变的惊人事实，正是由于这个事实引起了德弗里斯对突变的第一次关注，即突变是"跳跃"的变化，没有中间形式出现。

48.

自然选择基因的稳定性

当发现任何一种电离辐射都会增加自然突变率后，人们可能会认为自然突变率与土壤、空气和宇宙的辐射息息相关。但与 X 射线结果的定量比较显示，"自然辐射"太微弱了，仅占自然突变的一小部分。

如果我们可以用热运动的偶然波动来解释罕见的自然突变，那么对于自然界成功地对阈值进行了如此精妙的选择就不会感到惊讶了，因为这是罕见突变所必需的。因为

我们在之前的章节中已经得出结论，频繁地突变无益于进化。通过突变获得不稳定基因构型的个体，这种"极端激进的"迅速突变使得后代长时间生存的概率变得很小。物种中的这些个体将会被淘汰，并通过自然选择来收集稳定的基因。

49.
突变体有时稳定性较低

然而，育种实验中出现的突变体，以及研究其后代中的突变体，我们不能期望它们都表现出很高的稳定性。因为它们可能还未"经受考验"，或者说，它们经受了考验，但在野生育种中被"淘汰"了，有可能是因为变异性太高。总而言之，当我们得知，这些突变体实际上比正常的"野

生"基因具有更高的可变性时，我们一点也不感到惊讶。

50.

温度对不稳定基因的影响小于稳定基因

我们可以检验变异的公式，即：

$$t=\tau e^{W/kT}$$

（在突变过程中，t 是能量阈值 W 的期望时间）我们可能会问到：t 是如何随着温度而变化的呢？从上述公式中，我们可以很容易地得出温度在 $T+10$ 和 T 时的 t 值之比的近似值：

$$\frac{t_{T+10}}{t_T}=e^{-10W/kT^2}$$

指数为负，那么比值自然小于 1。通过升高温度来缩短预期时间，从而可以增加突变率。在昆虫的耐受温度范

围中，我们对果蝇进行 」.

人惊讶。野生基因的低突变率明显验。乍一看，结果令

相对应地，一

些高突变率的突变基因并没有增加，或者轻微地增加，这

恰恰是我们比较两个公式后所期望的结果。根据第一个公

式，W 与 kT 比值越大，t 值越大（稳定基因），而根据第二

个公式计算则相反，W 与 kT 比值越大，t 值越小，也就是

说，突变率随温度增加而增加（突变率的实际值大约在 1/2

到 1/5 之间。在普通化学反应中，其倒数为 2~5，我们将其

称之为范霍夫因子）。

51.

X 射线如何诱发突变

我们来看一下 X 射线诱发的突变率，从育种实验中我

们可以推断：第一，……率和剂量的比例关系来看，单一事件可以引……变；第二，从定量结果和综合电离密度由……突变率而与波长无关来看，该单一事件必须有电离作用或类似过程，且该作用发生在仅约有 10 个原子距离的立方体的特定体积内，从而才能引发特定的突变。根据以上所述，超越阈值的能量显然必须由电离或激发等类似爆炸的过程提供，我称之为爆炸式的。众所周知，一次电离所消耗的能量（不是由 X 射线本身消耗的，而是由它所产生的次级电子消耗的能量）相当于 30 个电子伏特的巨大能量。该能量必然会在电离或激发等爆炸过程的周围引发巨大的热运动，并以"热波"（原子强烈振荡的波）的形式散布开来。这个热波将会在 10 个原子距离的平均"作用范围"内，提供一个或两个电子伏特所需的阈值能量，不难想象，物理学家可能会客观地推测出更小的热运动作用范围。在许多情况下，电离或激发的结果并不是有序的同

分异构体转换，而是对染色体的一种损害。如果病态的损害染色体与未损害的染色体通过巧妙的杂交相互交换，那就是致命的。所有这些绝对可以预料到的，也正是所观察到的。

52.

X 射线的突变率并非取决于自发突变率

还有一些其他的特征无法从以上所述预测出来，这很好理解。例如，一般来说，不稳定的突变体不会表现出比稳定的突变体高出很多的 X 射线突变率。在提供 30 个电子伏特能量的爆炸式过程中，不论所需的能量阈值是大一点还是小一点，比如 1 伏或 1.3 伏，都不要期望它可以造成很大的差别。

53.

回复突变

在某些情况下，可以从两个方向研究转换，比如从某个"野生"基因到某个特定的突变体，再从该突变体转换到野生基因。这种情况下，自然突变率有时几乎相同，有时却极大不同。刚开始，人们感到困惑，这两种情况下所需的能量阈值几乎是相同的。然而，事实不是这样的，我们必须从它们初始构型的能级来测量，而在野生基因和突变基因中，这个能级的能量阈值是有差异的（请参见第 39 节中的图 12，其中"1"表示野生等位基因，"2"表示突变基因，较短的箭头表示较低稳定性的基因所需的能量）。

总的来说，我认为德尔布吕克的"模型"可以经受住实验，我们可以在进一步的讨论中合理地使用它。

第六章

有序、无序和熵

身体不能决定意识，

意识也不能决定身体的运动、静止或其他活动。

斯宾诺莎，《伦理学》，第三卷，第2号提案

54.

从模型中得出的值得注意的一般性结论

在第 46 节中提到，通过基因的分子图至少可以推测，微缩密码应该与高度复杂和特定的发展计划一一对应，并且包含可以使微型密码起作用的方法。那么，它是如何做到这一点的呢？如何才能把"推测"变成真正的理解呢？

就所有的一般性而言，德尔布吕克的分子模型似乎没有包含任何提示，来说明遗传物质如何发挥作用。事实上，在不久的将来，我认为物理学不会提供任何关于这个问题的详细信息。但我相信，在生理学和遗传学的指导下，这

个问题将会通过生物化学一直推进，并且一直进行下去。

显而易见，根据以上描述，我们无法从基因的结构中获得详细的遗传机制信息。尽管如此，我承认，写这本书的唯一目的就是从以上描述中得出一般性的结论。

从德尔布吕克对遗传物质的总体描述中可以看出，生物体不仅遵循目前已确立的"物理学规律"，还可能涉及"其他迄今尚未可知的物理学定律"。一旦这些未知的物理学定律为人类所发现，那么，它将和前者共同成为这门科学不可分割的一部分。

55.

基于有序的秩序

这个想法很是微妙，很容易在多个方面产生误解。余

生命是什么——细胞的物

下的所有篇幅都是为了使其更清晰。以下的初步见解，虽然粗略但也不完全错误：

第一章已经阐述过，我们所知道的物理定律都是统计定律[1]，它们与事物陷入无序状态的自然趋势有很大关系。

但是，为了使遗传物质的高持久性与其微观尺寸相一致，我们必须通过"发明分子"来避免无序倾向，事实上，这种不同寻常的大分子必然是高度分化的秩序的产物，并受量子理论的保护。概率法则并没有因为这个"发明"而失效，但是其结果却遭遇了修改。量子理论已经修正了经典物理定律，尤其在低温下，物理学家很清楚这一点。这方面的案例很多。生命似乎就是其中之一，尤其引人注意。生命似乎是物质有序且合规的行为，但不完全

---

[1] 若要对"物理定律"进行完全的概括，这将很有挑战性。对于这一点，我们将在第七章来讨论。

基于有序到无序，而是在一定程度上基于所保持的现有秩序。

仅对物理学家而言，我希望这样说能更清楚地表达我的观点：生物体似乎是一个宏观系统，当温度接近于绝对零度，且分子无法进行无序运动，则该宏观系统的某些部分的行为接近于纯机械（与热力学形成对比）行为，而所有的系统都趋向这种行为。

非物理学家则很难相信，他们所认为的不可侵犯的精确典范，即物理学一般定律，竟然建立在物质的无序状态的统计趋势基础上。对于这个，我已在第一章举例说明。其一般原理是著名的热力学第二定律（熵原理）及其同样著名的统计学基础。从"生命物质避免向平衡状态的衰变"到"从环境中提取'秩序'来维持组织"，忽略了所有关于染色体、遗传等方面的知识，我将试图描述熵原理对生物体大规模行为的影响。

56.

生命物质避免向平衡状态的衰变

生命的特征是什么？物质何时是有生命的？当物质在"做某事"、运动或与环境交换物质，且比无生命物质在类似情况下"持续"时间长得多时，它就是有生命的物质。当无生命的系统孤立于或置于均匀的环境中，由于各种摩擦力的作用，所有的运动通常很快会停止。电势或化学势的差异趋于均衡化，趋向于形成化合物的物质也是如此，热传导使得温度变得统一。此后，整个系统逐渐消失，成为一团死气沉沉的惰性物质。这是一种永久状态，在该状态下可观察到的事件不再发生。物理学家称之为热力学平衡状态，或"最大熵"状态。

实际上，往往可以很快达到这种状态。理论上讲，它通常不是绝对的平衡状态，也不是实际中熵的最大值。但最终达到均衡的过程会非常缓慢。可能需要几个小时、几年、几个世纪……举一个例子，如果把一个装满纯净水的玻璃杯和另一个装满糖水的玻璃杯放在恒温的密闭箱子里，起初似乎什么也没有发生，人们就会认为已经达到完全平衡的状态。在这个例子中，达到平衡的速度还是相当快的。但过了一天后，人们注意到，由于较高的蒸汽压，纯净水慢慢蒸发并冷凝在糖水上，糖水溢出。当纯净水完全蒸发后，糖水才可以均匀地分布在液态水中。

类似这种最终缓慢地趋向于平衡的过程，我们不要将其误认为是生命，可以不用理会它们。为了避免别人指责我不够准确，我才提及到这种情况。

57.

生物体基于"负熵"生存

由于避免迅速衰变到"平衡"的惰性状态，生物体才显得如此神秘，另外，根据人类最早期的观点，就声称有某种特殊的非物理的或超自然的力（活力，隐得来希）在生物体中起作用，某些地方至今仍有此说法。

生物体如何避免腐烂？答案很明显：通过吃、喝、呼吸和同化（就植物而言）过程。专业术语是新陈代谢。在希腊语中 μεταβάλλειν 意为改变或交换。交换什么呢？最初的基本理念无疑是物质交换（例如德语中新陈代谢为 Stoffwechsel）。其实这种必不可少的物质交换是很荒谬的。氮、氧、硫等任何原子和其他同类原子一样，通过交换能

得到什么呢？在过去的一段时间上

我们就暂且放下了好奇心。在一些非常发....知以能量为食时，

记得是德国还是美国，或者两者都是），餐馆里的...电上

除了价格，还会标明每道菜的能量含量。无须多说，这确

实有些荒谬。对成年有机体来说，能量含量和物质含量一

样都是固定不变的。既然任何卡路里和其他卡路里的价值

是一样的，那么我们就无法看出仅仅通过交换能起到什么

作用。

在食物中，使我们免于死亡的珍贵东西是什么呢？这

很容易回答。每一个过程、事件，随便你怎么称呼，换言

之，自然界正在发生的一切都意味着它所在世界的那部分

的熵在增加。因此，生物体不断地增加熵，或者说产生正

熵，最终趋向于接近最大熵的危险状态，也就是死亡。生

物体只能通过不断地从它所处的环境中吸取负熵来远离死

亡，这样，生物体才能活着，这是一种非常积极的东西，

我们马上就会……生物体赖以生存的是负熵。或者，说得不那……相矛盾，新陈代谢最基本的原理就是，生物体成功地使其远离活着时产生的所有熵。

58.

什么是熵

什么是熵？首先我要强调一点，熵不是朦胧的概念或想法，它与棍棒的长度、任意物体的温度、给定晶体的熔化热或任何给定物质的比热一样，都是可测量的物理量。任何物质在绝对零点（大约是 $-273\,^\circ\text{C}$）的熵都是零。当通过缓慢的、可逆的步骤改变物质的状态时（即使物质改变了其物理或化学性质，或分裂成具有两个或多个不同物理或化学性质的部分），熵的增加量是用该过程中必须提

第六章　有序、无序和熵

供的每一小部分热量除以提供热量的绝对温度，再把所有这些值相加计算得来。举个例子，固体熔化时，其熵的增加量是熔化热除以熔点温度。由此可见，衡量熵的单位是cal./℃（与卡路里是热量单位、厘米是长度单位一样）。

59.

熵的统计学意义

我提到此专业术语仅仅是为了揭开笼罩在熵上的朦胧且神秘的面纱。对我们来说，有序和无序在统计学上的联系更重要，此联系由玻尔兹曼和吉布斯在统计物理学研究中揭示。这也是一种精确的定量联系，可以使用：

$$熵 = k \log D$$

表示，其中 k 是玻尔兹曼常数（$=3.2983 \times 10^{-24}$ cal./℃），D 是

物质中原子无序性的定量测量。要想给出定量数值 D 准确的解释，几乎很难使用简短的非专业术语来解释的。它所表示的无序，一部分是热运动的无序，一部分是不同种类的原子或分子随意混合的无序，而不是整齐分开的无序，例如上述例子中的糖分子和水分子，很好地说明了玻尔兹曼方程。糖分逐渐"分散"到水中，无序测量值 D 增加，因此（D 的对数随 D 值增加而增加）熵值增加。需要明确的是，任何热量的供给都会增加热运动的无序性，也就是说，D 值增加，熵也会随之增加；当晶体熔化时，由于破坏了原子或分子整齐且永久的排列，晶体晶格也会变成不断变化的随机分布。

孤立的系统或处于均匀环境中（就目前研究而言，我们最好把环境作为系统的一部分）的系统，它们的熵会增加，并且会或多或少迅速接近最大熵的惰性状态。我们认识到，除非消除它，否则遵循的基本物理定律就是事物将

自然地趋向于杂乱的状态（如同图书馆的书籍或写字台上
陈列的成堆论文或手稿，它们与不规则热运动类似之处在
于，我们可以一次又一次地翻看论文或手稿，但不会费力
地将其放回到合适的位置）。

60.

从环境中提取"秩序"来维持组织

　　如何使用统计学理论来表达生物的非凡能力，使得生
物体可以延缓衰退，进入热力学平衡（死亡）呢？如前面
所述：生物体赖以生存的是负熵，即吸收外环境中的负熵，
以抵消因生活而产生的熵增，从而使自己保持在一个固定
且相对的低熵水平。

　　如果 D 是对无序性的衡量，那么其倒数 1/D 就可以视

作有序性的直接衡量。1/D 的对数减去 D 的对数，我们可以用波尔兹曼方程表示：

$$-(熵)=k\log(1/D)$$

因此，有些不太合适的"负熵"可以用一个更好的表达方式来代替：带负号的熵，其本身就是一种秩序的衡量。因此，生物体通过不断地从环境中吸取有序性，来维持自身在相当高的有序性水平（＝相当低的熵水平）。这个结论其实并没有像它起初看起来的那样自相矛盾，但可能会因为平凡而受到指责。事实上我们非常清楚，高等动物以复杂的有机化合物质为生，这些化合物具有极度有序的状态。高等动物吸收这些化合物之后，排泄的是大大降解的物质，但这些物质并不是完全降解，因为植物仍然可以继续利用（当然，这些植物在阳光下有最强大的"负熵"供应）。

说　　明

关于负熵的说法，受到了物理学同行的质疑和反对。首先我想说明一点，如果我只是为了迎合他们，我会用自由能替代并进行讨论。因为自由能是当下人们比较熟知的概念。然而，这个高度专业的术语似乎在语言方面太接近于能量，无法让普通读者感受到这两者之间的差异。普通读者很可能会把自由当作一个没有多大关联性的修饰语，而实际上这是一个相当复杂的概念，与玻尔兹曼的有序—无序原理的关系相比，这个概念比熵和"负熵"更不容易追溯，顺便说一下，这不是我提出的。这恰恰是玻尔兹曼最初论点的依据。

但是，F.西蒙非常中肯地指出，我所说的简单热力学理论不足以说明生物体必须以"秩序极好、复杂的有机化合物"为生，而不是以木炭或钻石浆为食。他所说的是对的。我必须向一般读者说明，正如物理学家所理解的那样，一块未燃烧的煤或钻石，连同其燃烧所需的氧气量，均处于极其有序的状态。事实是，煤炭发生燃烧反应，产生了大量的热量，但同时通过向周围环境散发热量，系统处理了反应带来的大量熵增，并达到一种状态，在此状态下，它的熵实际上与之前大致相同。

但是我们不能以反应产生的二氧化碳为食。西蒙向我正确地指明了这一点，我们食物中的能量含量确实很重要；因此，在菜单上标明食物的能量，我对于这个的嘲讽确实不合适。需要补充能量的不仅是我们身体劳作的机械能，还有我们不断向环境散发的热量。另外，我们散发热量并不是偶然的，而是必不可少的。这是我们生命过程中处理连续产生的过剩熵的方式。

这似乎说明，温血动物的较高温度具有快速消除熵的

优势，所以它能够承受更强烈的生命过程，我不清楚这个论点有多少真实性（对此我愿意承担责任，而非西蒙）。许多温血动物是通过毛皮或羽毛的外套来防止热量的快速流失，对这一点人们可能会持反对意见。因此，我相信体温和"生命强度"之间存在的平行关系，使用第50节提到的范霍夫定律更为直接地进行解释：较高的温度会加速生活中所涉及的化学反应（试验证明，在周围环境的温度中确实如此）。

第七章
生命是基于物理定律吗

如果一个人从不自相矛盾，

一定是因为他几乎什么都不说。

——米格尔·德·乌纳穆诺（引自对话）

61.

生物体中有望出现新的定律

最后，我想要说明的是，简言之，根据我们所了解的生物结构，普通物理定律无法解释所有生物结构的工作方式。这并不是因为有任何"新力量"或其他能量，控制生物体内单个原子的行为，而是因为这种结构不同于以往我们在物理实验室中检测的任何物质。换句话说，一个只熟悉热机的工程师，在检查完电动机的构造后，依然不了解热机的工作原理。他发现，水壶中常见的铜线，在电动机用来缠绕成了线圈；杠杆、栅栏和蒸汽缸中常用的铁，在

电动机中它被嵌在了铜线圈的内部。他认为，这是一模一样的铜和铁，遵循同样的自然规律，事实确实是这样。构造上的差异，使这些装置以一种完全不同的方式工作。尽管他不使用锅炉和蒸汽，通过转动开关就可以运转机器，但他不会怀疑电动机是由鬼魂驱动的。

62.
生物学状况评述

生物体生命周期中的事件表现了令人称赞的规律性和有序性，任何无生命的物质都无法与之比拟。它是由一群极其有序的原子控制，这些原子只占每个细胞总和的一小部分。此外，从突变机制来看，我们可以得出结论，在生殖细胞的"控制原子"群中，仅仅几个原子

的错位，就足以使生物体的大规模遗传特征发生明确的变化。

这些无疑是当今科学最值得揭示的事实。其实，我们可能会发现，这些事实并非完全不可接受。生物体的惊人天赋，就是把"有序流"引入自己身上，从而摆脱原子杂乱的衰变（从合适的环境中"吸取秩序"），这似乎与"非周期性固体"、染色体分子的存在有关，毫无疑问，染色体分子代表了已知的最高程度的有序原子集合体，由于每个原子和每个基团单独地发挥作用，从而使其远高于普通的周期性晶体。

简而言之，我们见证了现有秩序显示出维持自身和产生有序事件的能力。这听起来很有道理，不过我们还是会借鉴有关社会组织的经验，以及其他涉及生物体活动的经验。因此，这似乎有点像某种恶性循环。

63.
物理学状态概述

　　但需要再次强调的是，无论怎样，对物理学家来说，虽然这个事情不是很合理，但却非常振奋人心，它是前所未有的。与普通人的看法相反，遵循物理规律的有序过程，绝不是一个井然有序的原子构型所导致的结果，除非这个原子构型重复了许多次，就像在液体中的周期性晶体或在由大量相同分子组成的气体中一样。

　　即使化学家在体外实验中处理非常复杂的分子时，他也总会面对大量的同类分子，物理规律适用于这些分子。例如，化学家可能会告诉你，在某个特定反应开始一分钟后，一半的分子会发生反应，两分钟后，四分之三的分子会发生

反应。然而，如果你想要追踪某个特定分子的进程，他也无法预测这个分子是在那些已经发生反应的分子中，还是在那些仍未被触及的分子中。这完全是一个碰运气的问题。

当然，这不是一个纯理论的猜想。也并非说我们永远无法观察到一小群原子甚至单个原子的命运进程。我们偶尔也是可以观察到的。然而，我们观察到的完全没有规律，只有在平均水平上通过合作才能观察到其规律性。我们在第一章中已经讨论过一个例子。悬浮在液体中的小粒子，做完全不规则的布朗运动。但如果有许多类似的粒子，它们的不规则运动往往会引起有规律的扩散现象。

单个放射性原子的解体是可以观察到的（它发出一个抛射体，在荧光屏上引起可见的闪烁）。但是单一的放射性原子，它的寿命还不如一只健康麻雀的寿命那么容易确定。事实上，关于放射性原子只能说，只要它还活着（可能会持续数千年），那么它在下一秒内爆炸的可能性（无论大小）

都是一样的。显然，上述单个原子失去其个体决定性，但大量的同类放射性原子依然遵循精确的指数衰变规律。

64.
鲜明对比

在生物学中，我们面临着一种完全不同的情况。按照最精妙的生物学规律，仅存在于副本中的一组原子发生了有序的事件，它们彼此之间以及它们与环境之间不可思议地融合在一起。由于还有卵细胞和单细胞生物体，所以我说，只存在于一个副本中。在高等生物体发育的后期阶段，副本是成倍增加的，这是事实。但增加到什么程度呢？据我所知，在成年哺乳动物中，成倍增加的次数约有 10^{14}。这有多少呢？一立方英寸空气中分子数量的百万分之一。

虽然体积比较大，但聚合后它们就会形成一小滴液体。可以看一下它们的实际分布方式，每一个细胞都只容纳一个副本（如果考虑到二倍体的话，就是两个副本）。既然我们知道这个微小的中央机关在孤立细胞中的权力，难道这些细胞不会在生物体内分布类似的地方政府工作站，通过它们共同的密码方便地进行彼此之间的交流？

是的，这真是一个富有想象的说法，说这个话的人不太可能成为科学家，但更可能成为诗人。然而，我们不需要诗意的想象力，而需要清晰而清醒的科学思考，从而使我们意识到，现在面对的是这样一些事件，这些事件的规则和规律通过完全不同于物理学的"概率机制"的"机制"所指导。我们观察得到一个简单的事实，即每个细胞的指导原则都体现在单个原子的集合体中，该原子集合体仅存在一个副本（有时是两个），而且该原子集合体会引发及其有秩序的事件。一个小而高度组织化的原子团能够以这种

方式活动，无论我们多么吃惊，或者认为有一定的道理，这种情况都前所未有，除了有生命的物质外，其他任何物质都从未有过。物理学家和化学家在研究无生命物质时，从未见过用这种方式来说明事实的。这种情况从未出现，因此，我们伟大的统计学理论并没有涵盖它，我之所以称其伟大，是因为它不仅帮助我们看清原子和分子无序运动而产生的精确物理规律的宏伟秩序；而且揭示了最重要的、最普遍的、包罗万象的熵增规律，而无须任何特殊假设的情况就可以理解，因为熵本身就是分子的无序。

65.

产生秩序的两种方式

生物体过程中的有序性的来源不同。有序事件有两种

不同的产生"机制":"有序来自无序"的"统计机制"和"有序来自有序"的新机制。客观地说,第二种原理似乎要更简单、更可信。毫无疑问,这就是为什么物理学家如此欣然地接受了另一个原则,即"有序来自无序"原则,这就是自然界实际遵循的原则,其本身就表达了对自然事件最伟大秩序的理解,即自然事件的不可逆性。但我们不能奢望由此推导的"物理定律"就足以直接解释生命物质的行为,生命物质最显著的特征在很大程度上明显基于"有序来自有序"的原则。因此,我们不能指望两种完全不同的机制解释同一种规律,如同你不应指望你家的锁匙能够打开邻居的房门。

因此,我们不应因普通物理定律难以解释生命物质而放弃。这正是我们期望从生命物质的结构中所获得的知识。我们必须做好准备,发现其中普遍存在的新物理规律。如果新定律不能称之为超物理定律,可否称其为非物理定律呢?

66.

新原则并不违背物理学

我不这么认为。在我看来，所涉及的新原则是真正的物理原则：只不过是量子理论的原则再现。想要解释这一点，我们要花很长的时间，对于之前所述的一切物理定律都是以统计为基础的论断进行完善，而不是修正。

该论断再次提出，一定会引起矛盾。因为确实存在一些现象，这些现象的显著特征明显是直接基于"有序来自有序"原则，而似乎与统计学或无序分子无关。

太阳系的秩序和行星的运动几乎可以无限期地维持下去。此刻的星座与金字塔时代任何特定时刻的星座有直接联系；该星座可以追溯到金字塔时代，反之亦然。通过计

153

算发现日食与历史记录非常一致，甚至在某些情况下还起到修正公认年表的作用。这些计算并不基于任何统计数据，而是完全基于牛顿的万有引力定律。

好的时钟或任何类似时钟的机械装置，其规律性运动似乎也与统计学没有任何关系。简言之，所有纯粹的机械事件似乎都明显而直接地遵循"有序来自有序"原则。我们必须要从广义上理解"机械"这个术语。如你所知，时钟的良好转动基于传感器定期传输电脉冲。

我记得马克斯·普朗克撰写过题为《法则的动力学和统计学类型》（德语版《Dynamische und Statistische Gesetzmässigkeit》）的小论文。它们的区别就是我们这里所说"有序来自有序"和"有序来自无序"的区别。第一篇论文旨在说明，控制微观事件（即单个原子和分子的相互作用）的"动态"规律是如何构成控制宏观事件（由控制微观事件即单个原子和分子的相互作用的"动态"规律组成）的统计学规律的。后一篇则通过行星或时钟运动等宏观机械现象来说明。

这样看来，我们曾郑重其事地指出的"新"原理，即"有序来自有序"原理，是理解生命的真正线索，但对物理学来说，它一点也不新鲜。普朗克的态度甚至印证了它的优先地位。我们似乎得出了一个荒谬的结论，即理解生命的线索是基于一种纯粹的机制，即普朗克论文中的"时钟工作"机制。在我看来，这个结论并不荒谬，也不完全错误，但必须持"非常谨慎的态度"看待。

67.

时钟运动

我们来准确地分析一下真实时钟的运动。它并不完全

是一个纯机械现象。因为纯机械的钟，既不需要弹簧，也不需要上弦。一旦启动，就会永远持续下去。没有弹簧的时钟，在钟摆摆动几下后就会停止，其机械能转化为热能。这是极其复杂的原子论过程。根据其运动形式，物理学家认为，该过程并非不可逆：没有弹簧的钟利用它自身齿轮和环境的热能，有可能会突然开始运动。物理学家认为：时钟经历了一次异常强烈的布朗运动。我们在第一章（第9节）中已经讲过，用一个非常敏感的扭力天平（测电计或电流计），就可以发现类似的事情。但对于时钟而言，这种情况不可能发生。

时钟运动是动力现象，还是统计学的合法事件（普朗克所说），这取决于我们的态度。在称它为动力现象时，我们把注意力集中在由一个相对较弱的弹簧所能保证的有规律的运动上，弹簧克服了热运动引起的微小浮动，因此我们可以忽略它们。但如果没有弹簧，时钟就会因摩擦力而

逐渐变慢，这个过程只能用统计学现象解释。

从实际的角度来看，无论时钟的摩擦效应和热效应多么微不足道，毫无疑问，不忽略它们才是更基本的态度，即使我们面对的是由弹簧驱动的时钟规律性运动。我们决不能认为，时钟运动的机制可以掩盖该过程的统计性质。真实的物理定律应该包括这样一种可能性：即使是一个走得很规律的钟，也可能将其环境中的热能转化为机械能，有可能突然逆向运动。与没有驱动装置的时钟的"布朗运动突发"相比，这一事件的可能性"仍然要小一些"。

68.
基于统计学的时钟构件

现在我们回顾一下，我们分析的这个"简单"案例代

表了许多其他案例，事实上，所有这些案例似乎都回避了分子统计学包罗万象的原理。由真实物质（非想象）制成的时钟不是真正的"时钟构件"。偶然的因素可能会（或多或少）减少，突然间时钟完全出错的可能性也微乎其微，但是，它仍处于统计规律中。即使在天体的运动中，不可逆的摩擦和热影响也是存在的。比如，地球的自转在潮汐摩擦力的作用下慢慢减慢，月球也随之逐渐远离地球，如果地球是一个完全刚性的旋转球体，这种情况就不会发生。

然而，事实仍然是"物理时钟构件"明显地表现出极其突出的"有序"特征，当物理学家在生物体内发现这种特征时非常感兴趣。这两种情况很有可能有一些共同之处。共同之处是什么以及显著差异是什么，这些都使得生物体如此新奇和史无前例，这些都还有待探究。

69.

能斯特定理

　　物理系统（任何一种原子的集合体）何时会显示出"动力学定律"（普朗克意义上的）或"时钟构件的特征"？对于这个问题，量子理论的答案非常简短，即在绝对零度时。当接近零度时，分子的无序性不再对物理事件有任何影响。顺便说一下，这个事实并非通过理论发现的，而是仔细地研究广泛的温度范围内的化学反应，并将结果外推到绝对零度得出，实际上绝对零度很难达到。这就是著名的瓦尔特·能斯特"热力定律"，该定律在能量原理、熵原理之后出现，称为"热力学第三定律"。

　　量子理论为能斯特的经验法则奠定了合理的基础，从

而我们能够估计出，系统必须接近绝对零度到何种程度，才能表现出近似的"动力学"行为。在某些特定情况下，什么温度实际上已经相当于绝对零度？

请一定不要认为这个温度一定非常低。事实上，即使在室温下，熵在许多化学反应中也起着惊人的微不足道的作用，能斯特的发现就来源于该事实（回顾一下，熵是分子无序性的直接量度，其倒数是分子有序性的直接度量）。

70.

摆钟可在绝对零度下工作

那摆钟会如何呢？对于摆钟来说，室温几乎等于绝对零度。这就是它"动态地"运转的原因。如果我们冷却它，它依然可以运转（前提是已经清除了所有的油迹）！但如

果把它加热到室温以上，它就会停止工作，因为它最终会熔化。

71.

时钟与生物体的关系

这似乎非常微不足道，但我认为它切中了要害。钟表能够"动态地"运转，源于它们由固体构成，这些固体由海特勒 - 伦敦键维持其形状，其强度足以避开常温下无序热运动的影响。

我认为，时钟构件和生物体之间的相似点已无须多说。很简单，因为后者也依赖于固体（该固体是形成遗传物质的非周期性晶体），在很大程度上摆脱了热运动的无序性。但是，在没有参考这个比喻（该比喻基于深刻的物理

理论）情况下，请不要指责我将染色体纤维称之为"生物体的齿轮"。

　　事实上，要比较两者之间的根本差异，证明其在生物学案例中前所未有，就更无须多言了。

　　被我称为"生物体的齿轮"最突出的特点是：第一，多细胞生物体中的齿轮分布奇特，对此可以参考第 64 节中的一些诗意的描述；第二，单个齿轮并非人类粗制滥造，而是根据主量子力学实现的杰作。

后记

决定论和自由意志

为了从纯科学方面阐述我们所关注的问题，请允许我主观地补充一下对哲学的理解。

根据前面章节中给出的论据，生物体内的时空事件，与思想活动、自我意识或其他任何行动相一致，均源于严格的决定论或统计决定论。我想对物理学家强调一点，在我看来（也许与有些人意见相反），除了增强减数分裂、自然突变和 X 射线所致突变事件中纯偶然性之外，量子不确定性在它们中并没有发挥任何与生物学有关的作用，这一点在任何情况下都显而易见，也得到了公认。

为了便于论证，请允许我把这一点当作事实，我相信，如果没有那种众所周知、令人不快的"宣称自己是一个纯粹的机制"感受，我相信每个公证的生物学家都会这样做。因为这种说法与直接内省所证明的自由意志相矛盾。

但就直接的经验而言，无论多么不同、多么悬殊，在逻辑上都不能互相矛盾。因此，让我们看看是否能从以下

两个前提中得出正确、不相矛盾的结论。

（1）根据自然法则，身体的运行依赖于纯粹的机制。

（2）然而，通过无可争议的直接经验可以知道，我正在指挥它运动，并可预见其产生致命性、全局性影响，在这种情况下，我对此承担全部责任。

我认为，从以上两个前提中，唯一可能得出的推论是关于"我"这个词最广泛的意义，即根据自然规律，每一个曾经说过或感受过"我"的有意识的大脑，就是控制"原子运动"的人。

在某些的文化环境（Kulturkreis）中，某些概念（在其他国家曾经或仍然有着广泛的含义）受到了限制和被专门化，用简单的措辞来给出这个结论是鲁莽的。用基督教的话说："我是全能的上帝"，听起来既亵渎神明，又很疯狂。但请暂时忽略这些，考虑一下生物学家能否用这句话来证明上帝的存在与不朽。

生命是什么——细胞的物理特性

　　就其本身而言，此见解并不新鲜。据我所知，最早的记录可以追溯到大约 2500 年前或更早。根据早期伟大的《奥义书》，ATHMAN＝梵（BRAHMAN）（个人的自我等于无所不在、无所不包的永恒自我），在印度思想中，这是最深刻地洞察了世界上发生的事情的精髓，远非亵渎神明。所有吠檀多学者，在学会了用嘴唇发音之后，他们也吸收了这一最伟大的思想。

　　同样，数个世纪以来的神秘主义者们，独立但又彼此完美地和谐相处（有点像理想气体中的粒子），他们每个人生命中独特的经历，可以用一句话来概括：我已经成为上帝。

　　就西方意识形态来说，虽然有叔本华和其他代表者，但这种思想仍然是陌生的东西。那些真正的恋人，当他们看着对方的眼睛时，意识到他们的思想和快乐在数量上为一体，而不仅仅是相似或相同；但他们往往忙于情感上的

应付，而无法沉下心进行思考，在这方面，他们很像神秘主义者。

请允许我再进一步解释下。意识从来不是以复数形式体验，而是单数。即使在意识分裂或双重人格的病理情况下，两个人也是交替出现的，而从不会同时表现出来。在梦中，我们同时扮演了几个角色，但都不是任意选择的：我们总是以某一种角色直接行动和说话，又常常急切地等待另一个人的回答或回应，而没有意识到是我们控制着他的行动和言论，就像我们自己一样。

复数的观念（奥义书作者如此强烈地反对）到底是如何产生的呢？意识与有限物质内的区域（身体）的物理状态紧密相连，并互相依赖（考虑到身体发育过程中思想的变化，如青春期、成年、老年等，或者发烧、中毒、麻醉、大脑病变等产生的影响）。现在，许多肉体极其相似。因此，意识或思想的复数化似乎是一个非常有启发性的假设。

大概所有质朴、天真的人，以及绝大多数西方哲学界，都已经接受了这一点。

这个假设允许人们可以寻找灵魂，灵魂的数量和肉体一样多，并引出了这样一个问题：灵魂和肉体是否一样会经历死亡，以及灵魂是否可以脱离肉体而永生地单独存在。前一种选择令人反感，而后者选择忽视或否认多元假设所依据的事实。许多不明事理的人可能会问：动物也有灵魂吗？甚至有人质疑，男女是否都有灵魂。

即使这个推论只是暂时性的，我们也必须对西方所有官方信仰所共有的多元性假说产生怀疑。如果我们在摒弃严重的迷信时，却保留他们灵魂多元性的天真想法，然后宣称灵魂容易腐烂，且随各自的肉体一起毁灭来"补救"它，那么我们岂不是更加荒谬？

唯一的选择就是简单地相信直接经验，即意识是一个单数，而复数是未知的；看似多元化的东西只是这个东西

一系列不同的方面，它们是由错觉产生的；同样的错觉可在镜廊中产生，用相同方式来看，原来高里三喀峰和珠穆朗玛峰是从不同山谷看到的同一座山峰。

当然，在我们的脑海中，有一些精心编排的鬼故事阻碍了我们接受这种简单的认识。例如，有人说我的窗外有一棵树，但我并没有真正看到那棵树。只有当这棵树通过其自身映像投入到我的认知中，我才可以感受到。如果你站在我的身边，看着同一棵树，后者也设法把自己的映像投入你的认知。我看到我认为的树，你看到你认为的树（非常像我的树），而树本身是什么样子，我们并不知道。康德对这种夸大的言论负有责任。显然，只有一棵树，而所有的印象思维都是一个鬼故事，替代了意识是单一事物的观念。

然而，我们每个人都有一个不容置否的印象，那就是他自己的经验和记忆的总和形成了一个统一体，而与其他

任何人的经验和记忆截然不同。他把它称为"我"。这个"我"是什么呢？

如果仔细分析你就会发现，它仅比单一数据（经验和记忆）的集合稍多一点，如同一张张画布。你再仔细想想，就会发现，你所说的"我"，就是它们收集到的经验和记忆材料。你可能来到一个遥远的国家，跟朋友失去联系，几乎忘记他们；你获得了新的朋友，与他们分享生活，就像曾经你与老朋友那样。你过着新的生活，还会回忆起以前的生活，只不过越来越微不足道。你可以用第三人称来谈论"青春的我"，事实上，你正在读的小说的主人公可能更贴近你的心，更鲜活，更为你所熟知。这个状态没有中断，也没有死亡。即使一个技艺高超的催眠师成功地将你先前的所有回忆完全抹去，你也不会认为是他杀死了你。在任何情况下，你都不会因失去自我的存在而悲哀。

将来也不会有。

后记　决定论和自由意志

后记的注释

　　这里所采取的观点，与近期奥尔德斯－赫胥黎非常恰当地称为"多年哲学"的观点一致。他的这本书（*London, Chatto and Windus*，1946）不仅特别适合解释事件的现状，而且可以解释为何它如此难以理解以及容易招致反对。